ASTRONOMIA DIVULGATIVA

Carla Gatti

HOW2

EDIZIONI

A mia mamma Maria Rosa
che ormai si trova nell'infinito delle stelle

INDICE

PREFAZIONE

di Letizia Davoli

Mi chiedo spesso, guardando il cielo, quale possa essere stato lo stupore dei popoli antichi nell'alzare gli occhi verso le stelle. Le loro notti non erano come le nostre, di certo più tecnologiche, sicuramente più consapevoli di quello che ci circonda, ma prive di meraviglia.

***Letizia Davoli**, con l'astronauta Umberto Guidoni, alla conduzione di C'è Spazio su Tv2000. Foto credits: Stefania Casellato*

Quella meraviglia che solo la Natura sa dare, e che nessuna opera umana, per quanto perfetta, potrà mai eguagliare. Chissà cosa immaginavano, come si spiegavano quei puntini che brillavano sopra le loro teste - alcuni fermi, altri "erranti" per la volta celeste – chissà cosa credevano che fossero il Sole e la Luna, o quella immensa nube lattiginosa che noi, oggi, intravediamo quando usciamo dai confini delle città: la nostra casa nell'Universo, la Via Lattea. Dai primi uomini a quelli del terzo millennio sono passate migliaia di anni, miliardi di vite, abbiamo conquistato benessere, tecnologia, consapevolezza. Abbiamo mandato robot su altri pianeti, sonde fuori dal Sistema Solare. Abbiamo costruito immensi laboratori sottoterra dove studiamo l'infinitamente piccolo per capire l'infinitamente grande: le prime particelle che hanno originato il tutto. Come i popoli preistorici sono usciti dalle caverne e hanno iniziato ad esplorare i territori che le circondavano, così oggi l'umanità muove i primi passi fuori dalla Terra per diventare una specie multiplanetaria. L'homo sapiens ha lasciato il posto all'Homo tecnologicus, una specie ibrida tra uomo e macchina, sospesa tra natura e tecnologia; ma quell'uomo preistorico attonito davanti ai fenomeni naturali è ancora dentro di noi, a spingerci a conoscere sempre di più. Dalle prime costellazioni dipinte sui muri delle caverne, oltre 16mila anni fa, siamo arrivati alla prima mappa 3D della Via Lattea della missione Gaia dell'Agenzia Spaziale Europea (Esa), composta da 2 miliardi di stelle; il telescopio di Galileo ha lasciato il posto all'Hubble Space Telescope, che – come il suo predecessore – ha aperto una nuova era nello studio dell'Universo.

Abbiamo scoperto che il Cosmo ci parla in tutte le lingue dello spettro elettromagnetico e che ogni lunghezza d'onda ci racconta una storia diversa. E quando credevamo di sapere tutto, ci siamo accorti di un nuovo senso con cui studiare l'Universo: le onde gravitazionali, che portano l'eco di cataclismi cosmici di energie inimmaginabili, collisioni di buchi neri e di stelle di neutroni, la prova che Einstein, 100 anni fa, aveva ragione. Siamo andati sulla Luna, abbiamo costruito la più complessa opera ingegneristica fuori dalla Terra, la Stazione Spaziale Internazionale, dove l'Uomo impara a diventare Spaziale. Torneremo presto sul nostro satellite e, da lì, partiremo per Marte. Abbiamo fatto atterrare una sonda su una cometa, prelevato campioni da asteroidi, mandato messaggi verso stelle lontane, nella speranza che qualcuno, là fuori, li ascolti. Millenni di conoscenza, eppure, oggi, la Scienza ci dice che quello che vediamo – stelle, pianeti, galassie – è appena il 5% della materia che compone l'Universo. Del restante 95% non sappiamo nulla. Ogni scoperta apre la porta a nuove domande: questo libro è il punto di partenza per chi vuole affrontare l'avventura più bella dell'Umanità. L'autrice fa il punto su quanto sappiamo oggi del Cosmo, per aiutarci a capire cosa succederà nei prossimi decenni. Tante le missioni ormai sulla rampa di lancio, tanti gli strumenti che porteremo nello Spazio per cercare di svelarne i misteri più profondi. Non ci resta che partire: non sappiamo quali sfide ci aspettino, là fuori, ma questa è la ragione per cui dobbiamo andare.

Dott.ssa Letizia Davoli
Space Journalist,
Program Manager Cosmo Academy Planetarium,
co-founder SpaceisCool

PREMESSA

Questa scienza, così affascinante, è oggi più che mai al centro di tutto, in quanto nei prossimi anni e decenni, proprio grazie all'Astronomia, probabilmente si potrà rispondere a molti quesiti aperti che riguardano le leggi fisiche, e ampliare il panorama dei postulati chimici e dei meccanismi biologici.

Anche se, dopo l'approdo dell'uomo sulla Luna a cavallo tra gli anni 60-70, l'interesse verso l'Astronomia è andato apparentemente scemando, in realtà la scienza dello Spazio ha compiuto innumerevoli progressi grazie all'evoluzione tecnologica di sonde e telescopi. Negli ultimi tempi abbiamo scoperto e portato alla luce cose incredibili e inimmaginabili sullo Spazio; questo manuale vuole rivelare proprio a chi fra di Voi fosse all'oscuro di tutto, o di parte di questo tutto, ogni minuzia di queste strabilianti novità!

Non aspettatevi un noioso e piatto, polveroso libro di divulgazione scientifica *old-style*: il presente manuale di Astronomia è concepito come un viaggio spaziale, in cui, a partire dalle prime pagine, ognuno di voi verrà catapultato in avanti e indietro nel tempo, in ogni angolo e meandro dell'universo.

Leggendo questa appassionante guida, potrete viaggiare tra le stelle e sbirciare i panorami mozzafiato e gli spettacoli immortalati dal prodigioso telescopio spaziale *Hubble*.

Ma non solo! Potrete viaggiare nel tempo, fino alla nascita dell'universo, per poi essere schizzati nel futuro, per sapere tutto sulle sorti del Sole, della Terra e dell'universo stesso. Infine, indagheremo i grandi misteri dell'universo, le sue forze segrete e i suoi fenomeni più oscuri e inquietanti, dai Buchi Neri alle onde cosmiche, fino all'energia e alla materia oscura!

Allora, siete pronti per questo appassionante e unico viaggio all'interno delle meraviglie e dei misteri del cosmo?!?

Dott.ssa Carla Gatti
Chimico Fisico

INTRODUZIONE

Cos'è l'Astronomia?

In molti potranno sorprendersi a causa di questa affermazione: l'astronomia, come confermato anche dalla famosissima *Margherita Hack* (astrofisica italiana, nata il 12-06-1922 e scomparsa il 29-06-2013), è nata con l'uomo.

L'Universo esiste da 14 miliardi anni, ma lo studio delle stelle, dei pianeti, dei loro movimenti e della loro struttura intrinseca, ha affascinato i nostri progenitori fin dagli albori della civiltà. *Astron* è una parola greca che significa astro, stella, così come *Nomos,* che tradotto vuol dire legge. Dunque, è proprio di questo che si occupa l'astronomia: lo studio delle leggi che governano gli oggetti cosmologici.

Nell'antichità, il susseguirsi dei fenomeni celesti era considerato un vero e proprio mistero. All'osservazione, però, non sfuggì che si trattava comunque di eventi ciclici in un susseguirsi continuo e regolare, banalmente come il giorno e la notte e le stagioni.

Chiaramente, il confine fra scienza e superstizione era talmente labile da spingere a pensare che l'osservazione dei fenomeni celesti potesse in qualche modo avere ripercussioni sulla vita quotidiana, fino a portare alla credenza di essere in grado di *divinare* il futuro grazie alle stelle. Ai tempi, infatti, astronomia e astrologia si confondevano con la religione e il misticismo.

Solo con **Galileo** avvenne la scissione definitiva fra le due discipline. Gli astronomi erano coloro che adottavano il metodo scientifico allontanandosi dalle congetture. Lungi da me il voler criticare chi aveva o ha abbracciato la direzione mistico-religiosa che, per alcuni versi, può anche essere affascinante; in questa sede si parla solo di *scienza* astronomica.

Galileo Galilei (1564-1642)

Permettetemi ora di fare, comunque, una carrellata veloce su quello che il passato ci ha fornito, perché è comunque grazie ad esso che siamo ciò che siamo e dobbiamo veramente ringraziare i nostri progenitori proprio perché hanno osservato prima di noi i fenomeni celesti, avendo così tramandato i loro studi e consentito a scienziati come Galileo, **Copernico** e ai moderni di arrivare a spiegare la ciclicità dei fenomeni celesti, le caratteristiche della Terra, del suo movimento, del sistema solare fino ad arrivare a descrivere, seppur con ancora tanti dubbi e lacune, i meccanismi cosmologici.

Siamo grati anche ai **Babilonesi**, che 3000 anni fa osservarono le fasi lunari e le eclissi (9); parimenti dicasi per **Egizi, Greci, Cinesi** e **Maya**.
Pertanto, anche in passato si facevano studi scientifici, seppur inseriti in uno sfumato contesto di credenze misticoreligiose.

Un certo **Talete di Mileto** (624-546 a.C.) trascorreva notti insonni applicando gli studi geometrici per determinare le dimensioni della Luna e del Sole rispetto alla Terra.
Anassimandro, invece, aveva introdotto per la prima volta il concetto di eclittica, vale a dire l'orbita apparente che il Sole compie in un anno sulla volta celeste (concetto anche questo che approfondiremo di seguito).
Eratostene di Cirene (276-195 a.C.) utilizzando uno gnomone (1) si era fatto un'idea delle dimensioni terrestri stimando che il meridiano terrestre corresse lungo 250000 stadi (39.775 km); oggi sappiamo che l'equatore è lungo circa 40.000 km!
Sfortunatamente, si pensava ancora che la Terra fosse al centro del mondo affermando il modello geocentrico.
Parliamo di un modello che si è protratto fino a **Claudio Tolomeo** (II secolo d.C.), laddove si stimava che la Terra fosse immobile, imperterrita al centro dell'Universo, e mai contestato fino al XVI secolo (e attenzione ad affermare il contrario o qualunque altra teoria avveniristica fino ad allora, pena cader in una pira di fuoco!)

Arrivò Copernico ad affermare il contrario, ma sia mai! Anche **Giordano Bruno** finì sul rogo per aver abbracciato le tesi eliocentriche di Copernico. Il povero Galileo dovette abiurare per non fare la stessa fine. Ah, l'abiura!

Dalle ceneri di quel mondo, quasi come in uno scenario fantascientifico, vediamo una sagoma muoversi, come una sorta di golem immortale che avanza verso di noi perché le fiamme non l'hanno scalfito per nulla, e questi non è altri che l'Astronomia! Perché dopo Galileo, arrivano **Johannes Kepler** e **Isaac Newton** che formulano **leggi sul moto dei pianeti** e parlano di **gravitazione universale**. E così di seguito con l'ausilio della fisica, della matematica, della chimica e della biologia si arriva a formulare, addirittura, come è nato il nostro sistema solare e persino a misurare le distanze di alcune stelle dalla Terra.

Curiosità: Newton nasce nello stesso anno in cui Galileo muore, il 1642. Galileo muore pochi giorni dopo la nascita di Newton, quasi come un passaggio di eredità.

Isaac Newton (1642-1727)

Biasimo per coloro che pensavano che il nostro sistema solare fosse al centro della nostra galassia, la Via Lattea! Eh no, anzi, è addirittura in posizione molto periferica sulla stessa. Suvvia, basta con queste manie di protagonismo!

Il centro galattico, nella costellazione del Sagittario, è un luogo infausto sapete, perché oltre a contenere un buco nero, è un coacervo di radiazioni.
Dubito che la Terra avesse avuto la possibilità di sviluppare forme di vita in quelle condizioni.

Si scopre anche che c'è un mondo fuori dalla Via Lattea, miliardi di galassie.
Santo Cielo, **ma quanto è grande l'Universo?**

Rimanendo sul "cosmo vicino", fra i tanti, annoveriamo un certo **Giovanni Domenico Cassini** (1625-1712) che ci ha regalato gli anelli di Saturno e, per questo motivo, la sonda che abbiamo spedito nel 1997 su Saturno portava il suo nome.

La sonda Cassini in orbita presso Saturno (illustrazione, da Wikipedia)

Che tristezza quando nel 2017 avendo completato la sua opera, è stata fatta rientrare nell'atmosfera di Saturno disintegrandosi. Dovete sapere che per chi ama l'astronomia, il successo di una missione è fondamentale e ci si affeziona anche alla relativa componentistica, fino ad arrivare a provare un forte dispiacere ogni qualvolta qualcosa andasse storto o al termine della missione stessa.

E così via molti altri fisici, tante scoperte ci hanno consentito di avanzare nella conoscenza cosmologica anche se, e mi duole doverlo dire, è più quello che non sappiamo di ciò che conosciamo. **Forse "conoscere" non è il vocabolo giusto, lo è di più "comprendere".**

Ogni volta che si fa una scoperta, seguono poi altri mille interrogativi. Da un lato ciò che ci spinge è la voglia di sapere, seguita dall'euforia della scoperta, accompagnata dalla frustrazione e dall'accanimento derivanti dal voler risolvere tutti i dilemmi ai quali ancora non riusciamo a dare una risposta. Ed è questo, ragazzi miei, che ci tiene vivi.

L'astronomia diventa quasi un essere senziente, un golem inarrestabile, la cui sete di conoscenza lo rende sempre più avvincente.
Il risultato è una saga a ciclo continuo, che non smetterà mai di produrre storie e personaggi interdipendenti gli uni agli altri.

Lo scienziato, il tecnico, non è altri che il narratore della saga, che osserva il tutto come fosse di fronte a un palcoscenico, mentre il *leit movif* della trama è l'intero Universo.

Fra questi (poi nel corso della trattazione e a sostegno della stessa lungo il testo, saranno fatti molti altri nomi), **Christiaan Huygens** (1629-1695) che ha determinato le caratteristiche di Saturno ed **Edmund Halley** (1656-1742), noto per i suoi studi sulle comete.

Agli inizi del '900 un certo **Albert Einstein** lavorava sulla **teoria della relatività; Edwin Hubble** (1889-1953), invece, identificò il processo di espansione dell'Universo.

Albert Einstein (1879-1955)

Edwin Hubble (1889, 1953)

Wilson e Penzias, ai quali si deve la scoperta della **radiazione cosmica di fondo**, constatarono che agli albori dell'Universo tutto ebbe inizio con il **Big Bang** (2).

L'introduzione di nuove tecnologie, come la spettroscopia e l'astrofotografia, portarono a fare all'astronomia grandi passi avanti. In virtù di questo, si riuscì a comprendere più a fondo i meccanismi che regolano la natura fisica degli astri, portando allo sviluppo dell'**astrofisica** che, come dice la parola stessa, è la **fisica applicata a tutti gli oggetti celesti**.

L'astronomia nella sua accezione più moderna, trattando di oggetti e teorie relativi alla fisica, si trova a coincidere con l'astrofisica (la quale era nata come branca).

L'astronomia nella sua evoluzione abbraccia più campi di studio: facce di una stessa medaglia.

Vi farò esplorare anche il mondo della **fisica astroparticellare**, oltre a discutere di un argomento che va molto di moda: la **meccanica quantistica**. Tutto verrà esaminato sotto il rigoroso occhio della scienza, non andremo a filosofeggiare. Non ho alcuna intenzione di ubriacarvi di parole, ma di stelle!

Immaginate di trovarvi proprio sulla plancia di una nave stellare che sta partendo verso un lungo viaggio, che vi porterà ai confini dell'Universo e anche oltre.

Come in un sogno, un bellissimo sogno, per gran parte della nostra avventura, la nave farà numerosi scali; scenderete su ogni pianeta del sistema solare, galassia e oggetti come comete, stelle, buchi neri. Oh no, il buco nero non vi mangerà!

Allora preparatevi! Dobbiamo uscire dall'atmosfera terrestre e ci fermeremo in prima istanza a osservare il nostro sistema solare.

Buon viaggio!

1. ALLA SCOPERTA DEL SISTEMA SOLARE

1.1. Come e quando è nato il Sistema Solare

In verità, sto pensando da qualche giorno, a quale coraggioso e valoroso capitano affidare questa delicata missione, alla scoperta dell'Universo, in balia di asteroidi, radiazioni, forti campi gravitazionali. Perché deve traghettarci nei pressi di buchi neri, supernove e in angoli remoti dell'universo dove potremmo incontrare anche delle razze aliene!

Molti di voi staranno pensando al **Capitano Picard di Star Trek**, non ho dubbi. Ebbene, chi ha visto le serie tv, ricorderà che la coscienza del capitano (detto in parole povere) è stata trasferita in una struttura robotica umanoide, in quanto egli è deceduto. La figura dell'androide è sempre presente nei libri di fantascienza (io stessa come autrice del genere li utilizzo), perché la realizzazione di una struttura così complessa nell'immaginario comune fa riferimento ad una società particolarmente evoluta dal punto di vista tecnologico.
Creare un robot che sia del tutto autonomo nelle sue funzioni, e indistinguibile da qualunque essere umano, è una sfida per l'uomo del XXI secolo. Jean-Luc, sia nella versione cinematografica quanto nella recente serie, era affiancato dal simpatico ed efficiente droide Data. Questi personaggi hanno ormai concluso le loro rocambolesche peripezie nello spazio e quindi, noi utilizzeremo un capitano tutto nostro, magari sempre droide. Questo, però, è un saggio e non un libro di narrativa, anche se nulla vieta di far volare l'immaginazione fin dove ci è consentito.
La predisposizione a scrivere libri di fantascienza mi ha portato a pensare alla sonda *Rosetta.* Molti di voi penseranno: una sonda come capitano? Fuochino!

La sonda **"Rosetta"** è stata realizzata dall'**ESA (European Space Agency)** per essere lanciata nel 2004 e raggiunse la cometa *67P/Churyumov-Gerasimenko*; la missione terminò nel 2016 (ne parlerò approfonditamente nel capitolo dedicato all'esplorazione spaziale).

Rosetta e la cometa, da Wikipedia

L'ESA progettò la sonda e il lander *Philae* che è atterrato sulla superficie di 67P, il 12 novembre 2014. *Rosetta* proprio come la stele di Rosetta, grazie alla quale l'archeologo ed egittologo francese Champollion, fu in grado di decifrare i geroglifici, una lingua antica e sconosciuta, un vero rompicapo come l'Universo.

Ebbene, in onore di Rosetta, ho costruito un robot dal nome *Rosina*, che ci accompagnerà lungo il nostro viaggio ed interverrà ogni qualvolta sarà necessario fare qualche approfondimento dal punto di vista fisico, mentre io sarò lo speaker ufficiale oltre che il comandante.

Maria Rosa era anche il nome di mia mamma, la quale mi ha lasciato dopo aver sofferto di una grave malattia ed alla quale dedico questo libro, scritto immediatamente dopo la sua morte. Rosina per certi versi potrà anche sembrare una versione femminile di Data ed è un po' così che la vedo.
Un pizzico di simpatia e buonumore che a mamma non mancavano… e il gioco è fatto!

Prima di lasciare l'atmosfera terrestre e dare il via alla nostra missione, ci troviamo tutti riuniti nell'enorme sala congressi dell'astronave, dove sta per essere trasmesso un documentario, con tanto di immagini che farà da prequel e da incipit, alla nostra avventura andando al cospetto del Sole.

Vediamo il soffitto della sala congressi illuminarsi, come in un planetario. Questa è l'immagine che sovrasta le nostre teste.

Fonte immagine: Hubblesite.org

Si tratta di una **nebulosa proto planetaria**, nella costellazione del Cigno denominata, dato l'aspetto, **Nebulosa Uovo**. Vedo delle facce sorprese. Cosa c'entra con il nostro sistema solare? Si è formata da una serie di cerchi concentrici che si stagliano attorno alla stella centrale, costituiti da un denso strato di gas e polveri, che impedisce la visuale della stella stessa. A noi arriva un po' di luce in maniera indiretta, grazie al gas che si riflette sulla nube. I **getti dipolari**, che arrivano all'esterno, indicano che questa nebulosa sta crescendo.

Ebbene, **5 miliardi di anni fa il nostro Sistema Solare si presentava più o meno così**. Questa, attualmente, è la teoria che convince di più, per quanto concerne la sua formazione.

Nel dettaglio, cosa sarebbe successo alle origini del Sistema Solare?

Quando tutto ebbe inizio, in una simile nebulosa, il Sole non c'era ancora. Esisteva per l'appunto, una nebulosa nelle cui vicinanze è esplosa una stella. Anche le stelle, prima o poi, muoiono e quando hanno esaurito il loro combustibile nucleare, esplodono e, a seconda delle loro dimensioni, si trasformeranno in qualcos'altro (questo lo vedremo dopo).

A seguito dell'esplosione di una stella, si produsse poi un'onda d'urto recante del materiale stellare residuo, che andò propagandosi nello spazio, fino a raggiungere la nostra ignara **nebulosa protoplanetaria**, che era grande 3 volte il sistema solare attuale. Quindi, **il sole è una stella di seconda generazione**, in quanto, deve la sua nascita ad una stella precedente, di cui ha "riciclato" il materiale.

Rosina, ti andrebbe di intervenire per spiegare cosa è successo più nello specifico, per favore?

La parola a *Rosina*, il nostro ufficiale tecnico.

Ecco a voi la nostra cara Rosina

Certo cara! Miei cari amici, sono molto emozionata e volevo ringraziare il vostro comandante per avermi dato la possibilità di fare questo bellissimo viaggio nello spazio siderale!

La mia sorellina Rosetta ha concluso la sua missione sulla cometa 67P nel 2016 e mi ha lasciato un sacco di informazioni che vi comunicherò in seguito. Ora abbiamo parecchia strada da fare ed inizieremo proprio dalla nostra stella, il Sole.

C'era una volta una grossa nebulosa, che diventò un crogiolo gravitazionale, come per effetto di un grande vortice; le forze agenti al suo interno erano così intense da renderne il centro più denso e concentrato, concentrandolo in una regione sempre più piccola.

Immaginate di poter andare con lo sguardo nel mondo dell'infinitamente piccolo, quello delle particelle che si sono compattate gradualmente; più erano vicine e più il processo di compattamento divenne veloce.
C'era un po' di disordine, è normale, con questi condensati di materia di diverse dimensioni che diventavano sempre più grandi!

Il campo gravitazionale stesso divenne sempre più intenso, portando alla formazione di strutture estese, innescando anche un processo di rotazione. La massa composta da elementi stellari, quali idrogeno ed elio, si è trovata così adagiata su un **disco di rotazione appiattito**.
Anche nelle regioni più esterne della nebulosa, la massa si è concentrata a causa della contrazione innescata dalla gravità, finendo così per attrarre tutta la materia circostante.

Nella parte più periferica, però, l'atmosfera era più rarefatta e composta da gas più leggeri; **è qui che si formarono i grandi pianeti gassosi**, *come Giove. Quindi, ricapitolando, immagina una nube all'interno della quale si forma una sorta di vortice, dove al centro di concetrano i materiali più pesanti e verso l'esterno quelli più leggeri.*

Trascorre il tempo, milioni di anni, e al centro della nostra nebulosa la densità si fa elevatissima, come pure la temperatura, innescando le prime reazioni termonucleari; **in quella massa si forma il Sole**.
La nebulosa, intanto, ha continuato a ruotare secondo un principio fisico noto come "conservazione del momento angolare" (3).

I grumi di materia sono diventati protopianeti.
Intanto, l'onda d'urto generata dalle reazioni termonucleari, ha spazzato verso l'esterno gas e polveri, lasciandoli quindi ai margini.
In buona sostanza, grazie alle reazioni termonucleari, con conseguente produzione di energia da parte del Sole, le particelle (polveri e gas) smisero di addensarsi verso il centro, ma presero a ruotare su se stesse, sino a diventare sempre più grandi, scontrandosi fra di loro e ammassandosi per gravità (accrescimento per collisione). Immagina un mulinello d'acqua centrale, dal quale poi derivano anche dei mulinelli più esterni.

I corpi risultanti iniziarono ad attirare quelli più piccoli accanto a loro. Ecco come si sono formati i cosiddetti **planetesimi**, progenitori dei pianeti attuali, oltre agli asteroidi e alle comete. Una stima dell'età del sistema solare è stata prodotta, infatti, analizzando i meteoriti, residui di comete.
Vuoi sapere quanto è vecchio il sistema solare?
Circa 4,5 miliardi di anni!

NOTA: Se qualcosa non ti appare da subito chiara, non preoccuparti, perché ritorneremo sempre su ogni singolo concetto accennato, per chiarirti sempre di più le idee. Non devi capire tutto e subito, perché ogni cosa è correlata ad altre e man mano che andrai avanti con la lettura, ogni cosa ti si chiarirà sempre di più.

Dopo aver accennato alla **nascita del sistema solare**, prendiamo una lente d'ingrandimento, focalizzandoci su di esso con maggiore dettaglio.

1.2. Come è nato il Sole?

Nel paragrafo precedente ti abbiamo accennato la teoria più accreditata sulla formazione del Sole e dei suoi pianeti.
Ma andiamo più nel dettaglio di questa teoria della **nebulosa solare**.

Essa **era composta da gas (idrogeno ed elio) e polvere**. Questa massa, così composta, che era più grande del sistema solare attuale, aveva inizialmente una **temperatura bassissima** (attorno ai -250°C).
In un tempo lunghissimo, durato milioni di anni, la nebulosa iniziò a collassare su se stessa, formando quello che potremo chiamare un "**protosole**", ossia un sole embrionale.
La concentrazione di materiale favorì l'**innalzamento della temperatura** in questo corpo centrale, innescando un processo noto come "**fusione nucleare**" (4). Questo corpo di **massa crescente e concentrata**, iniziò ad attrarre la nube di polveri, formando il **disco protoplanetario**.

IMPORTANTE: La forza di attrazione è nota in fisica come GRAVITÀ. Secondo la fisica classica, la gravità non è altri che la forza agente fra corpi dotati di massa e dotata di una proporzionalità diretta (più grande è la massa, più efficace sarà la forza esercitata).

In pratica, ogni corpo attrae gli altri e maggiore è la sua massa, maggiore è la sua forza di attrazione. Perciò, la Luna, che è più piccola della Terra, gravita intorno ad essa, altrimenti sarebbe il contrario. Così come ogni pianeta del sistema solare, ruota intorno al Sole, che è l'oggetto con la massa più grande del sistema solare, appunto.

Dunque, secondo la **legge della gravità**, "comanda" sempre il più grosso e ciò accade anche a livello di galassie, anch'esse in continuo movimento nello spazio.

SPOILER: Sai perché i **buchi neri** "mangiano" tutto?
Proprio perché hanno la massa maggiore di ogni altro oggetto cosmico. E tra due buchi neri? Ovviamente vince il più massiccio!

CURIOSITÀ: Se guardi le stelle, in un dato momento, ti sembrerà che esse siano fisse nel cielo, come incastonate in esso. Beh, è una falsa percezione, come quella che hai sulla Terra, che ti sembra tutto fuorché in movimento. Certo, perché a te sembra che il Sole e la Luna si muovano e la Terra sia fissa. Del resto, è ciò credevano gli antichi.

Ma devi sapere che **nello spazio ogni cosa si muove**.
Beh, hai mai osservato, all'interno di una stanza, controluce, una finestra in un giorno di sole? Hai mai notato quel pulviscolo che si muove caoticamente nell'aria, come composto da tante particelle sospese? Ecco, devi immaginare lo spazio proprio così, dove al posto del pulviscolo devi considerare pianeti, stelle e galassie. Come il pulviscolo è in continuo movimento, così fanno i corpi celesti.

Sai a che velocità viaggia la terra nello spazio?
Non ci crederai ma è una velocità pazzesca: **107.000 km/h**, ossia 30 km al secondo!
Non tutto è come sembra vero? ☺

Quindi, mentre tu sei comodamente stravaccato sul divano a leggere, in realtà stai viaggiando nello spazio a 107 mila km orari. Cioè, stai letteralmente sfrecciando intorno al sole.

Ma non finisce qui, perché tutto il sistema solare, a sua volta, sta sfrecciando nella sua galassia, che sta sfrecciando tra le altre galassie. **Da non credere, vero?**

Beh, fai tuo questo concetto: **infinitamente piccolo e infinitamente grande "coincidono".** Ossia, si può viaggiare verso l'infinita grandezza, come verso l'infinita miniatura.

Quindi, tornando a prima, immagina quei video dove si parte da una cosa microscopica e con uno zoom inverso, l'inquadratura torna indietro fino a inquadrare tutta la terra e poi lo spazio. È questo il concetto. Dalla terra, ti sembra di essere al centro di tutto, ma con uno zoom all'indietro velocissimo, ti renderai ben presto conto, che la Terra è solo come un granello di polvere nello spazio infinito. Questa percezione ha anche un **potere meditativo**, perché immaginando le cose umane così infinitamente piccole nei confronti del tutto, ti renderai conto della relatività di ogni cosa.
Lo stesso spazio, del resto, ci appare come una realtà silenziosa e pacifica, rilassante e meditativa, rasserenante e onirica, anche se poi nel suo interno, come vedremo, si verificano fenomeni incredibili e talvolta inquietanti.

<u>ACCENNO</u>: Nella fisica moderna, considerando la **RELATIVITÀ GENERALE** di **EINSTEIN**, questa viene vista come conseguenza della **curvatura dello spaziotempo**, generata proprio dai corpi dotati di massa (5).

Immagino la tua faccia perplessa adesso ma è normale.

Ti spiego. Immagina lo spazio non come qualcosa di vuoto ma come qualcosa di materico, che definiamo appunto spaziotempo, dove spazio e tempo sono direttamente correlati. Semplificando al massimo, immagina un lenzuolo adagiato su un morbido materasso. Supponiamo, ad esempio, che

questo ambiente sia lo spazio. Poniamo sul lenzuolo delle biglie di varie grandezze, che rappresenteranno gli oggetti presenti nello spazio, come stelle e pianeti.
Facendo ciò, possiamo osservare diverse cose: in primis, che il lenzuolo si deforma quando vi adagiamo sopra le biglie e si increspa man mano che le muoviamo su di esso.
Inoltre, in prossimità di una biglia molto grossa, il lenzuolo e il materasso si deformeranno maggiormente e dove poniamo una biglia molto grossa, lo spazio intorno ad essa sarà deformato in tal modo che le biglie più piccole e vicine, "cadranno" verso la biglia più grande. In proporzione, pensa a una materasso disseminato di biglie, al centro del quale ti andrai a sdraiare. Da corpo estremamente più pesante andrai a deformare il materasso a tal punto che quasi tutte le biglie si avvalleranno verso il tuo corpo.

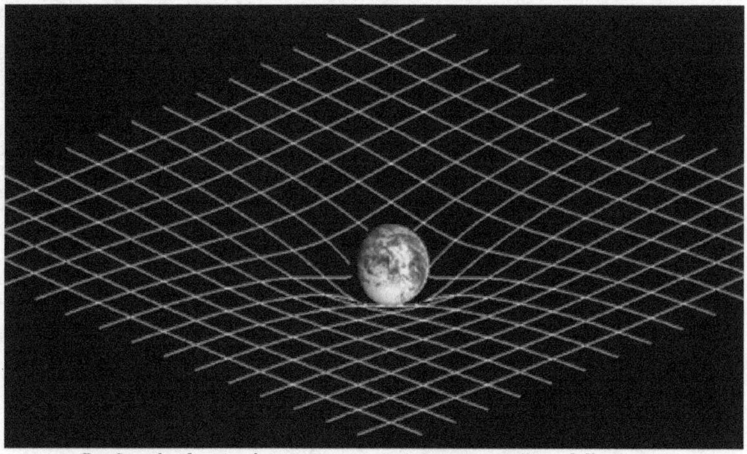

Grafica che descrive la curvatura spaziotempo per effetto della gravità

Prendi questo esempio con le pinze ma spero che avrai ora intuito come **lo spazio non è qualcosa di vuoto ma qualcosa di materico e fluido**, che si può deformare e che è oggetto alle leggi gravitazionali.

Hai mai sentito parlare di **Onde Gravitazionali**?

Ecco, immagina le onde gravitazionali, proprio come le increspature del sopraccitato lenzuolo. Meglio ancora, immagina le onde gravitazionali, come le increspature dell'acqua, quando lanci un sasso in uno stagno piatto. Infatti, se lanciamo un sasso in uno specchio d'acqua piatta, il suo ingresso in essa, genererà delle onde concentriche, che si propagheranno in senso centrifugo.

Grafico raffigurante Onde Gravitazionali

Questo ulteriore esempio, per rafforzare questa immagine di **spazio "materico" e fluido**, probabilmente per te piuttosto inedita, insolita e sorprendente.

Forse in questo momento potrai sentirti confuso, con tutte queste nuove idee strane di cui ti sto parlando. Ma voglio che tu abbia un impatto frontale forte verso lo spazio, come l'effetto di pressione fortissima che un astronauta sente sul proprio corpo quando decolla un razzo.
Non sono concetti semplici a livello elementare ma spero di poterteli spiegare nel modo più chiaro e comprensibile possibile. Dunque, non sentirti confuso, perché questo effetto

shock è voluto. Piuttosto, sentiti "**confuso e felice**", come Carmen Consoli.

Tornando ancora un attimo al discorso della relatività e della **curvatura spaziotempo**, hai mai visto quei film di fantascienza dove si parla di "**wormhole**" e di viaggi nello spaziotempo, stile *Interstellar* (film che se non lo hai ancora visto, vedilo)?

Come potrebbe apparire un wormhole

Ecco, un wormhole, da un punto di visto teorico e grafico è un esempio lampante di **deformazione spaziotempo**, dove, viaggiando in esso come in un tunnel spaziale, attraverseresti lo spazio proprio come si fa attraverso un traforo in una montagna. Ecco, tornando ancora all'esempio di prima, del lenzuolo, immagina il Monte Bianco come una grossa increspatura del lenzuolo, dove il suolo/lenzuolo coincide con lo spaziotempo. Viaggiando nel traforo del Monte Bianco, si attraversa lo spazio increspato da parte a parte, passando dalla galassia Italia alla galassia Francia, senza dover percorrere tutta la superficie dello spazio, salendo e scendendo dal Monte Bianco. Fine del trip mentale metaforistico!

SPOILER: Ti dirai, ma come fa lo spazio che a me sembra vuoto, ad essere invece "materico" tanto da increspansi e produrre onde gravitazionali? Beh, devi considerare che lo spazio non è proprio come lo conosciamo oggi da un punto di vista fisica. **Hai mai sentito parlare di Materia Oscura?** Beh, sembra che essa costituisca la gran parte della massa spazio, ossia circa il 90% di esso!

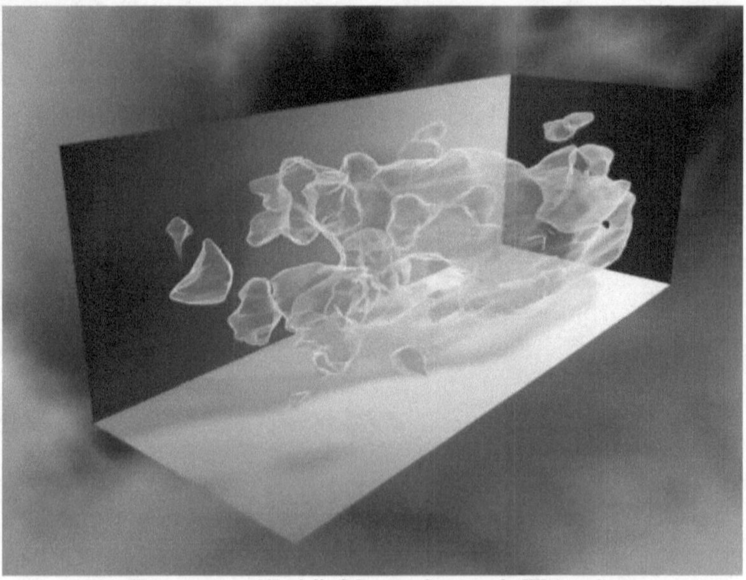

Ricostruzione 3D della Materia Oscura, da Wikipedia

Ma come? **L'universo è composto per il 90% da qualcosa che nemmeno conosciamo?!?** Ebbene sì. Rosina, spiega…

Ehm, grazie per questa richiesta così facile… (LoL)
Allora, diciamo che gli scienziati hanno teorizzato la presenza di questa ***materia "oscura"*** *nello spazio, proprio per dare una spiegazio-*

ne a tanti fenomeni altrimenti inspiegabili, come quelli accennati in precedenza.
Ma perché non conosciamo questa materia, che teorizziamo solamente?
Perché essa dovrebbe essere composta da particelle che non emanano nemmeno **radiazioni elettromagnetiche** *e sarebbero pertanto, al momento, irrilevabili mediante i nostri mezzi tecnologici. Pertanto, cerchiamo di rilevarla attraverso i suoi* **effetti gravitazionali***, benché ci risulti del tutto invisibile.*
È vero che scienza e fantascienza sembrano quasi coincidere?
Beh, è anche questo il bello dell'astronomia in fondo!
Tranquillo, torneremo su questo argomento così affascinante più avanti.
Per ora ho voluto dartene un assaggino, sperando che in tal modo possa sembrarti un po' più chiaro quanto spiegato.

Ok Rosina, grazie. Ma dopo questa lunghissima parentesi, torniamo al nostro sistema solare e alle sue origini. Dove eravamo rimasti? Ah sì, al disco protoplanetario, alle origini del sistema…

Dunque, il **disco protoplanetario** poteva avere grosso modo una forma anulare, acquisita ruotando continuamente attorno al protosole, un po' come fanno gli anelli di Saturno intorno ad esso.
Le particelle di polvere e ghiaccio in questo anello di costituzione granulare, urtandosi, hanno poi generato i **planetesimi**, antenati dei nostri pianeti, secondo la teoria in oggetto.

La teoria della nube primordiale spiega, quindi, la formazione del Sole. La contrazione avvenne circa 5 miliardi di anni fa e grazie al collasso innescato dalla spinta gravitazionale, si formò un disco appiattito dove giaceva la maggior parte della materia originaria; quella residua andò a formare degli anelli periferici rotanti. La zona centrale più calda, in fase di collasso, ha generato così il protosole.

Ma materialmente cosa è oggi il Sole?
Il Sole è una gigantesca sfera di gas ionizzato ad altissima temperatura, vale a dire una stella.

Le stelle producono energia al loro interno grazie a meccanismi di **fusione nucleare** (4). Quest'energia viene riemessa verso l'esterno sotto forma di **radiazioni elettromagnetiche** e proprio grazie a queste, si ricavano molte informazioni circa le loro caratteristiche.

Sul Sole, come su ogni altra stella, la materia si presenta sotto forma di "**plasma**". **Il plasma può essere definito come il quarto stadio della materia, laddove i primi tre sono solido, liquido e gas.**

Cosa definisce lo stato di plasma, cara Rosina?

La so! Il plasma è un gas ionizzato costituito da una miscela di elettroni liberi, ioni e specie neutre che interagiscono fra loro. Al crescere della temperatura la materia si trasforma, cambiando il suo stato di aggregazione. ***Il plasma può essere considerato il quarto stato della materia****, oltre agli stati solido, liquido e aeriforme; si ottiene fornendo alle molecole di un gas, a una data pressione, energia termica sufficiente a dissociare le molecole e ionizzare gli atomi e le molecole in esso contenute (fonte: ISTP, Consiglio Nazionale delle Ricerche).*
In virtù di questa caratteristica, il Sole ha una temperatura altissima (parliamo di 6000K, laddove la scala Kelvin corrisponde a quella centigrada).

La temperatura di una stella ne definisce anche il colore. Spero che molti di voi siano stati ospiti di qualche osservatorio astronomico, avendo avuto così l'opportunità di vedere alcune stelle al telescopio.

La fotosfera di una stella ha un colore che dipende dalla sua temperatura: se è molto calda, la stella apparirà AZZURRO-BIANCA, se è più fredda potrà essere GIALLO-ARANCIO, se è ancora più fredda sarà ROSSA.

I colori di alcune stelle possono anche essere percepiti ad occhio nudo; un classico esempio è la rossa **Aldebaran nel Toro.**

Nella figura seguente viene riportata la corrispondenza fra temperatura e cromaticità delle stelle (fonte EDU-Inaf).

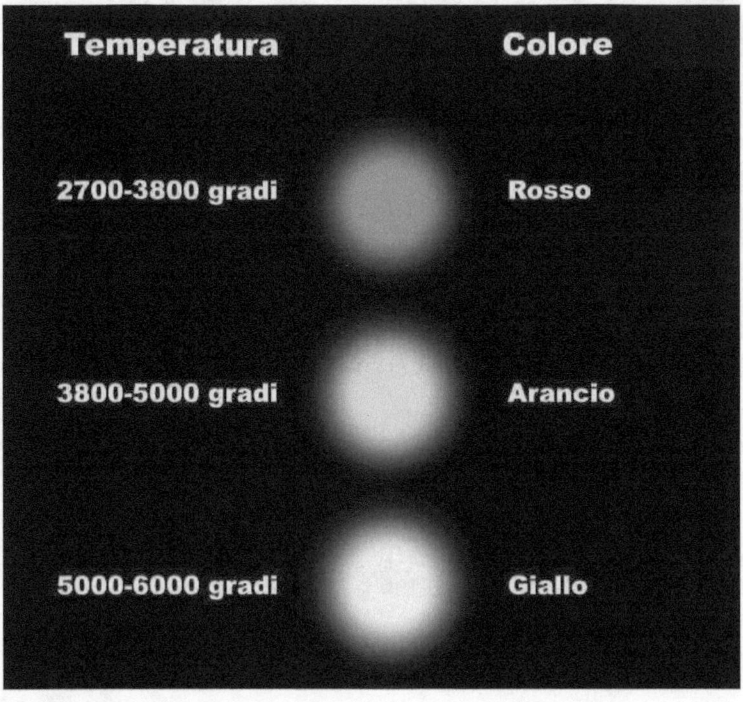

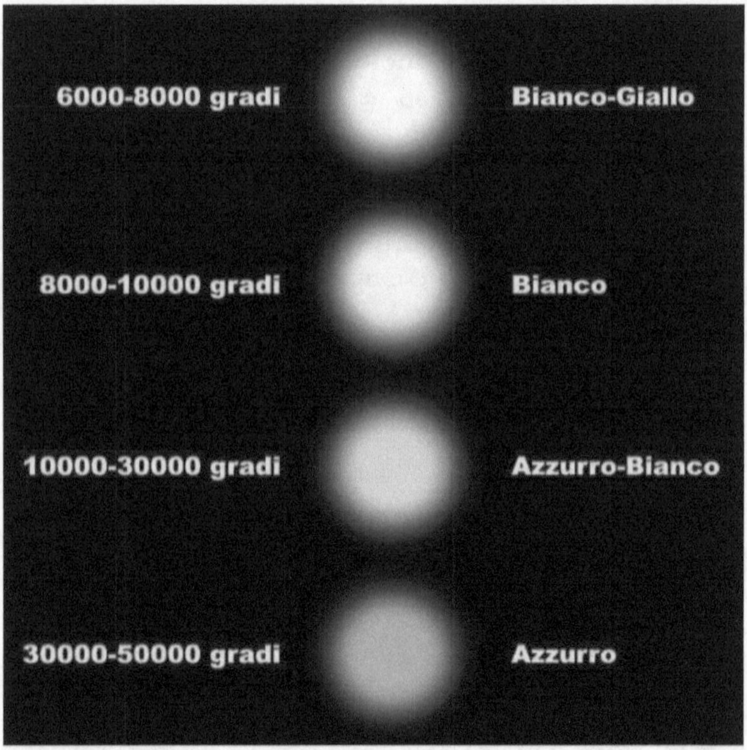

Le temperature cui si fa riferimento sono quelle superficiali, poiché andando verso l'interno il valore è molto più alto.

Tornando al nostro Sole, questo oggetto non è propriamente una sfera omogenea di gas, ma presenta zone che differiscono per temperatura, pressione e densità.

Avviciniamoci!

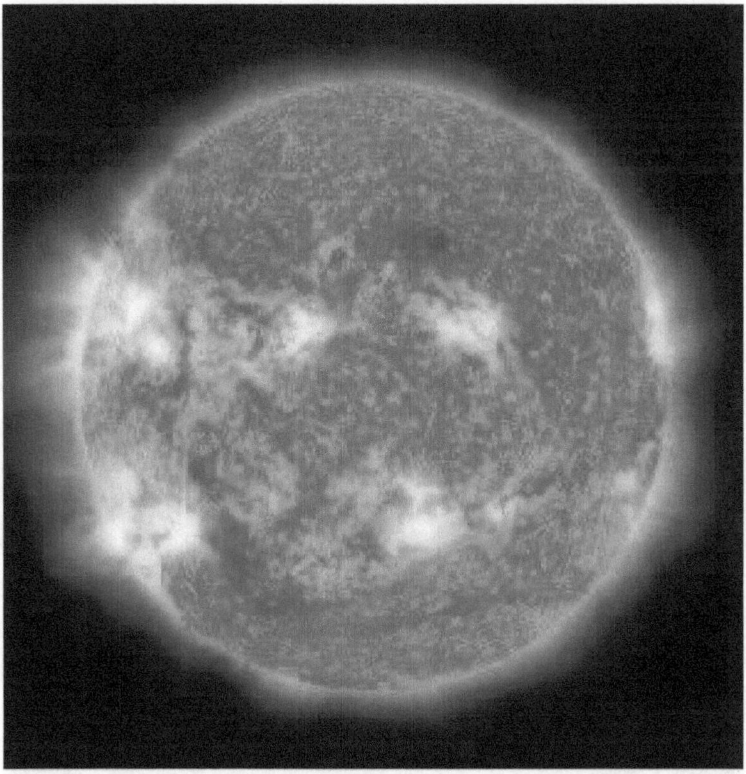

Questo è il suo vero aspetto esteriore, perché noi vediamo l'**atmosfera solare**, ossia la parte più esterna.
Non trovate che assomigli al fuoco di un braciere?

All'interno si nasconde il nucleo, che è il luogo in cui avvengono tutte le reazioni di cui si parlava prima, dette **termonucleari**, responsabili della produzione di energia da parte della stella.

Le temperature del nucleo sono talmente elevate che la materia si trova appunto sotto forma di plasma.

Nella zona più interna, detta **radiativa** (vedi figura seguente), tutta l'energia prodotta viene trasmessa a livello superiore per **irraggiamento**.

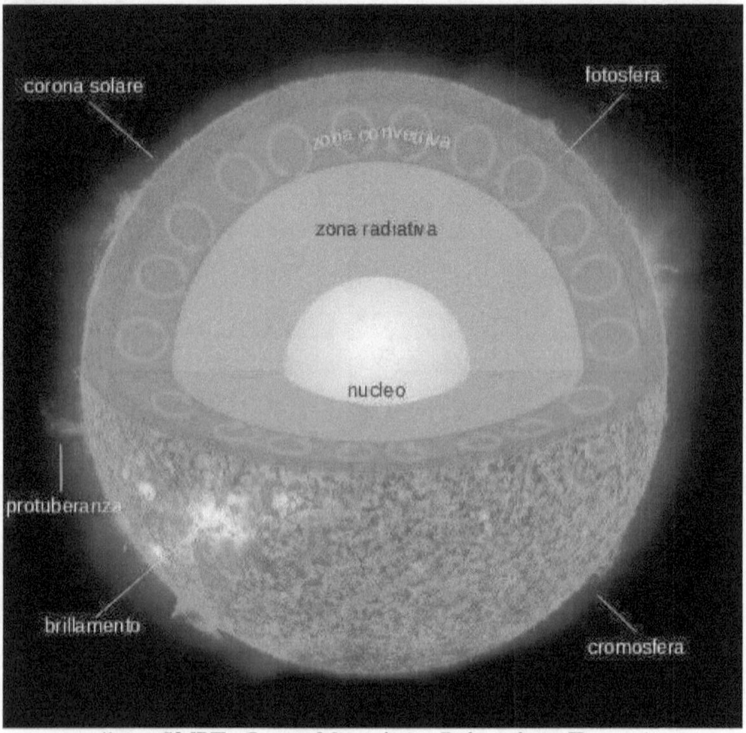

(fonte: GMPE, Gruppo Mineralogico, Paleontologico Euganeo)

Il plasma, a causa della pressione elevata, è pressoché immobile. Salendo verso la superficie, incontriamo la **zona convettiva**, dove i moti convettivi (6) trasmettono calore sulla superficie.

La **fotosfera** filtra l'energia proveniente dalla zona sottostante ed è costituita principalmente da idrogeno, con una punta di elio.

La temperatura di 6000K che la caratterizza, determina il colore giallo della nostra stella.

Immediatamente sopra, la **cromosfera** si staglia con un colore aranciato dovuto alle radiazioni colorate dell'idrogeno a bassa pressione.

Le **macchie solari**, tipiche della fotosfera, sono zone a temperatura più bassa che hanno vita breve.

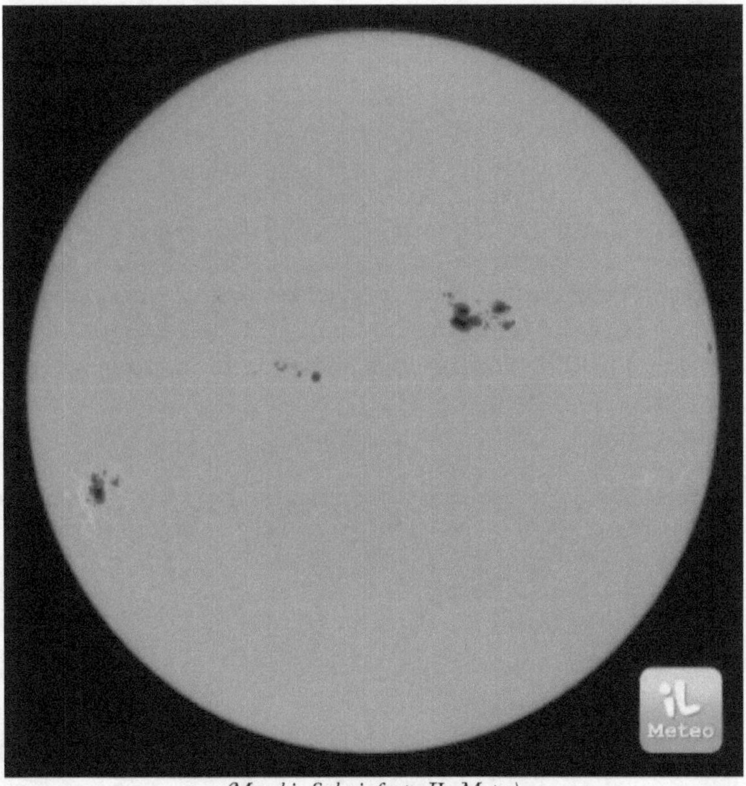

(Macchie Solari, fonte: IL Meteo)

Altro fenomeno molto affascinante che avviene sul Sole, sono le cosiddette **tempeste solari**.

A livello della corona solare può essere emessa una porzione di materia (**vento solare**); si tratta di particelle ad alta energia che in un paio di giorni giunge a lambire il campo magnetico terrestre prevalentemente ai poli, causando il noto fenomeno delle aurore.

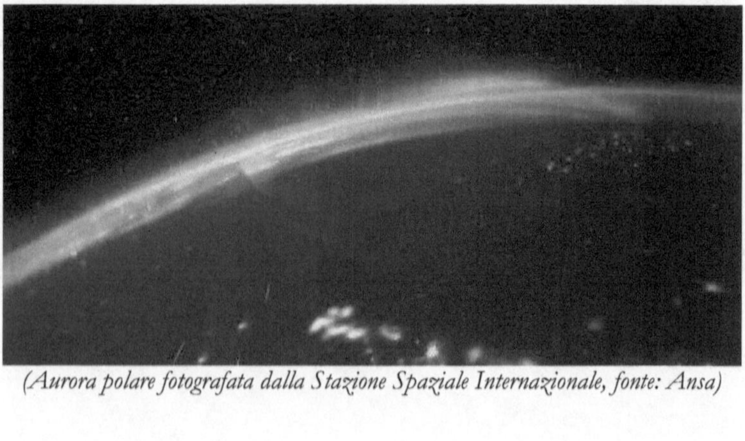

(Aurora polare fotografata dalla Stazione Spaziale Internazionale, fonte: Ansa)

Sapete che distanza abbiamo percorso con la nostra astronave (che grazie alla nostra immaginazione può viaggiare a velocità "warp") per arrivare al cospetto del dio Sole?
Pochi minuti a velocità luce! Per la precisione 8'20"!
Questo è il tempo che la luce impiega per arrivare sulla Terra. Viaggeremo anche a **velocità "subluce"**, raggiungendo i più remoti meandri dell'Universo!

Ci troviamo ora ad una distanza di circa 149,6 km dal nostro pianeta. Le sue dimensioni corrispondono a quelle terrestri moltiplicate per 110 (diametro terreste all'equatore: 12.745,594 km).

(Sistema solare oggi, fonte YouMath)

Nel capitolo sull'esplorazione spaziale parleremo della **sonda Parker** che, nonostante la temperatura e l'enorme flusso di particelle cariche uscenti e grazie al potente scudo termico, è in grado di orbitare attorno al Sole.

Atmosfera solare (corona) dal telescopio spaziale SOHO, ESA/NASA.

Per concludere, il sole è come un'enorme palla di gas che sta incendiando. Come tutte le cose, anche il sole ha un suo ciclo di vita, cioè un inizio, come abbiamo visto, e una fine.

Dunque, **quando morirà il sole?**

Il sole, come ogni altra stella del resto, morirà quando avrà esaurito tutto il combustibile da bruciare.

Il sole è una stella di dimensioni medio-piccole, che per come lo vediamo oggi si trova circa a metà del suo ciclo di vita (come una persona di mezza età).

Ti racconto in modo semplificato **come si evolverà la vita del sole.**

Tra circa 3,5 miliardi di anni, il sole avrà trasformato la maggior parte dell'idrogeno in elio. Questo comporterà un accrescimento delle sue dimensioni fino a farlo diventare una **gigante rossa**. L'aumento del suo diametro causerà progressivamente due effetti: in primis, l'accrescimento delle sue radiazioni verso l'esterno, specialmente in termini di temperatura emanata. Questo causerà il prosciugamento degli oceani sulla terra e la morte di ogni sua forma di vita, come da illustrazione seguente.

La terra bruciata dal sole tra 3,5 miliardi di anni (fonte Wikipedia)

Al momento non è dato sapersi se la Terra verrà inglobata dal sole in una sua fase di massima espansione, oppure vi si allontanerà prima, per un modificarsi delle forze orbitali.

Rosina: Ma tanto saremo già tutti estinti da un bel pezzo o, speriamo, già migrati altrove, in qualche posto più tranquillo dello spazio!

Ma Rosina, non essere così catastrofica! Così mi spaventi il lettore!

Ha ragione... Scusi Comandante! (LoL)

Tornando al sole, in questa sua fase morente, dovuta alle fasi finali della sua combustione e al variare, quindi, della sua stessa composizione gassosa, esso subirà come degli spasmi, che lo porteranno ciclicamente a diventare più grande e più piccolo, varie volte, fino a diventare, nel corso di centinaia di miliardi di anni, prima una stella **nana bianca** e, infine, una **nana nera**.

In questa illustrazione, vedi chiaramente due differenti cicli di vita stellari, a seconda che si tratti di una stella di dimensioni medio-piccole come il Sole, oppure di una stella molto più massiva.

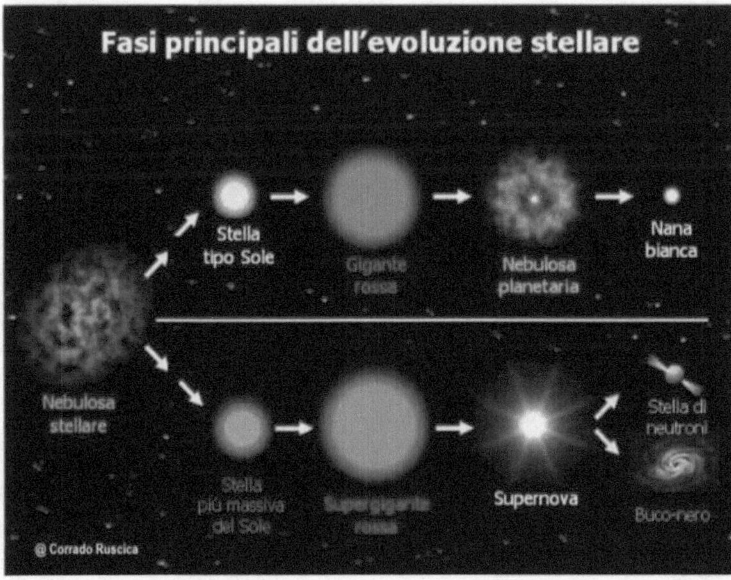

In entrambi i casi, vedi che **partiamo sempre da una nebulosa** originaria, come quella che ti abbiamo descritto in precedenza. Se poi nasce una stella medio-piccola come il sole, essa nella sua fase di maturità assumerà le caratteristiche attuali, mentre nella sua fase finale, si espanderà e si comprimerà ma non esploderà, come invece, succede nel secondo percorso, che riguarda le stelle molto più grandi, che diventano prima **supernove** nella loro fase esplosiva e poi **buchi neri** o **stelle di neutroni**, nella loro fase implosiva e terminale.

Come sono una Nana Bianca e una Nana Nera, destino finale del Sole?

Una nana bianca è una stellina piccola all'incirca come la Terra, con una bassa emanazione di energia ma con una massa enorme, pari a quella del sole allo stato attuale. Quindi, piccola ma pesantissima, in quanto ad altissima densità.

Per spegnersi definitivamente e diventare una Nana Nera, ci vuole tanto di quel tempo, che quest'ultima è stata solo teorizzata ad oggi, in quanto nessuna stella attualmente è tanto vecchia.

Come appare una nana bianca (da Wikipedia)

Dimmi, immaginavi il sole come un qualcosa di enorme nello spazio e invece hai appena scoperto che è una stella piccolina e quasi insignificante? Mah, vedi stesso tu…

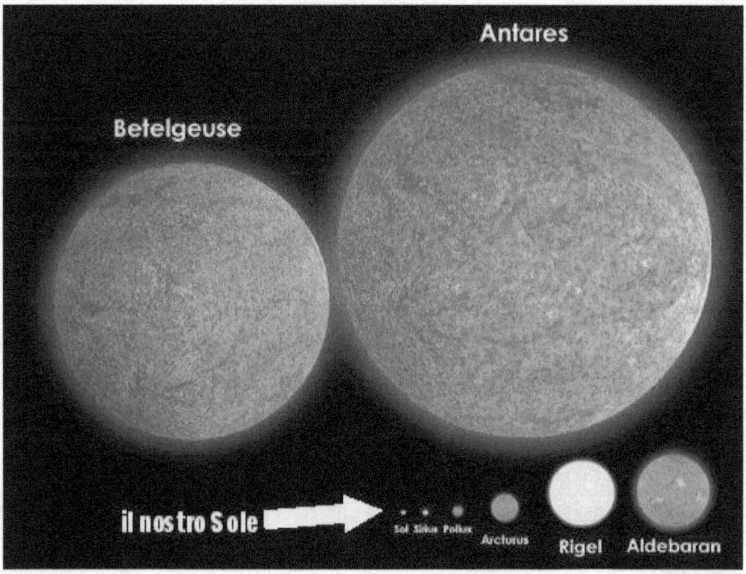

Come puoi vedere nell'ultima illustrazione, il nostro Sole è come un piccolo puntino al cospetto delle stelle supergiganti rosse **Antares** e **Betelgeuse**.

Antares, che si trova nella **costellazione dello Scorpione**, ad esempio, appare così grande perché è una stella a fine carriera, destinata ben presto ad esplodere, diventando nella sua prossima fase, una **Supernova.**

La **Supernova** è una stella che prima collassa al suo interno e, infine, esplode, prima che il proprio nucleo possa diventare definitivamente un **buco nero stellare**, ossia un tale concentrato di materia, da possedere una gravità tale da trattenere finanche la luce all'interno del proprio "orizzonte **degli eventi**", ossia il proprio "guscio" orbitale.

Ma di questo ne riparleremo più avanti.

Dunque, tornando al Sole, esso è quasi una stellina piccola e insignificante al cospetto delle altre, che sono molto più grandi?

Beh, è tutto relativo e non vorremmo mai mancare così tanto di rispetto per la stella che tuttora ci permettere di vivere. Il sole potrà essere piccolo relativamente ad altre stelle molto più anziane ma, ad esempio, al cospetto di ogni pianeta gravitante intorno ad esso, Terra compresa, è un gigante di tutto rispetto, tanto che **la sua massa corrisponde oltre al 99% dell'intera massa del sistema solare tutto**, come dimostra la seguente ricostruzione 3D.

Il sole e i suoi pianeti (img da Quora)

È impressionante come sia piccola la Terra rispetto al Sole vero? Beh, figurati rispetto ad Antares! ☺

1.3. Come sono nati la Terra e gli altri pianeti?

La composizione del nostro pianeta a livello geochimico, ci può aiutare a capire come esso si è formato.

La Terra è un pianeta roccioso, per cui è plausibile pensare che, a seguito di violenti urti e collisioni fra planetesimi, il materiale coinvolto si sia fuso, a causa della pressione e della temperatura, laddove altri elementi sono, invece, evaporati.

Al termine di tale processo, in fase di assestamento, si sono poi creati tutta una serie di equilibri che, unitamente alla riduzione delle collisioni, hanno portato ad una diversificazione della composizione chimica planetesimale originaria.

La proto-Terra era un'accozzaglia di roccia, metalli, gas ed elementi radioattivi fusi.

Rosina: Mi viene in mente una montagna di risotto allo zafferano, giallo e fumante.
Beh, ma così mi fai venire fame, Rosina!

Le altissime temperature presenti erano dovute alla produzione di calore legato alla radioattività naturale degli elementi presenti, ma anche ai continui impatti con corpi esterni.

Da questa sfera fusa, omogenea ed in via di raffreddamento, cominciarono a separarsi i materiali più pesanti, che sprofondarono verso il centro (basati su elementi detti siderofili, come il ferro, di cui infatti è principalmente costituito il nucleo terrestre).

Sappiamo che l'acqua è presente in maniera random sulle comete sottoforma di ghiaccio (dati emersi dalla missione

Rosetta), e ipotizziamo analogamente su meteoriti ed asteroidi. Difatti, l'acqua si era proprio raggruppata sulla parte esterna del giovane pianeta Terra, raffreddandolo.
La crosta è, invece, ricca di elementi (detti "litofili") che creano composti leggeri (i minerali silicati).
L'idrogeno e l'ossigeno potrebbero, però, aver reagito direttamente sulla crosta ma non possiamo avere prove tangibili al riguardo.

Questa sfera quindi si compose di tre gusci concentrici: crosta, mantello e nucleo, come possiamo vedere nella figura che segue.

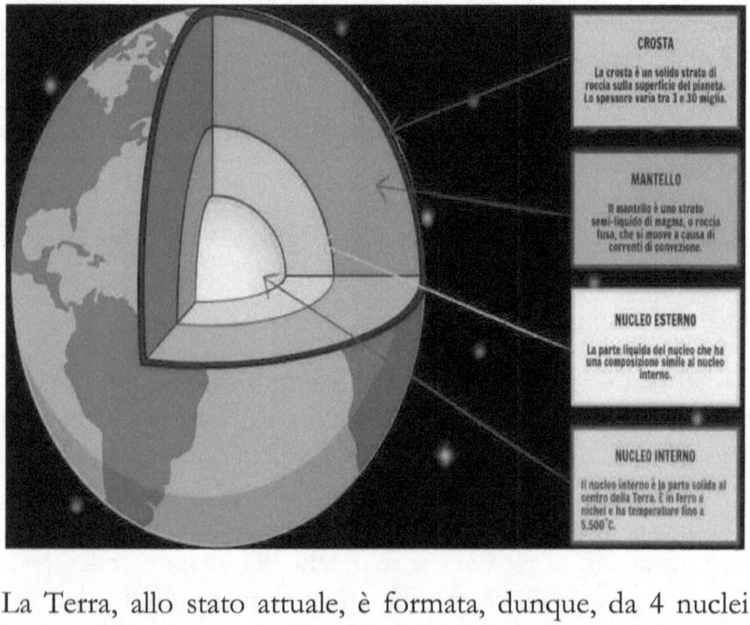

La Terra, allo stato attuale, è formata, dunque, da 4 nuclei concentrici, che partendo dall'esterno sono:

. **Crosta**, ricca di elementi litofili, ossia che prediligono formar composti leggeri e poco densi;

. **Mantello**, anch'esso silicatico ma molto ricco di ferro e magnesio;

. **Nucleo Esterno**, ricco in siderofili è composto da pesanti leghe di Fe-Ni;

. **Nucleo Interno**, composto dagli elementi che hanno tendenza a formare composti pesanti (leghe metalliche), al contrario di quelli che sono finiti in superfice (tale è la differenza fra litofili e siderofili).

E il mare? Beh, possiamo essere abbastanza sicuri nell'affermare che **l'acqua proveniente dalle comete ha contribuito a formare gli oceani.**

Mentre, **per quanto concerne l'atmosfera, la causa della sua formazione è da imputarsi al vulcanesimo**, attraverso i gas da esso emessi.

In questa fase, assistiamo anche alla **formazione della Luna**, che non è altri che una sorta di appendice terrestre.
È molto probabile, infatti, che all'epoca degli scontri, un grosso corpo abbia urtato la terra privandola di una sua porzione, diventata poi la Luna, il nostro amato satellite.

E a questo punto, passo la linea a Rosina...

Ricevuto, eccomi! Dunque, stando alle ipotesi che godono attualmente di maggior credito, il sistema solare interno fu teatro di un gigantesco impatto tra la Terra ed un corpo, denominato Theia, di massa analoga a quella di Marte. Da tale impatto si formò la Luna. Pertanto, la Luna avrebbe due progenitori.

Il moto terrestre, in origine, doveva essere più rapido, ma la comparsa della Luna favorì un rallentamento e una modifica dell'asse d'inclinazione.

Pur essendo più piccola, infatti, anche la Luna esercita la sua gravità sulla Terra. **Facendo delle simulazioni, è stato stimato che la durata del giorno sul nostro pianeta senza la Luna sarebbe stata di circa 7 ore.** La Luna, dunque, ci rallenta ma questo per molti aspetti è un bene.

Ad esempio, ammesso e non concesso che nel brodo primordiale si fosse formata la prima molecola di DNA, credo che senza la Luna la vita non avrebbe assunto forme come quelle attuali.

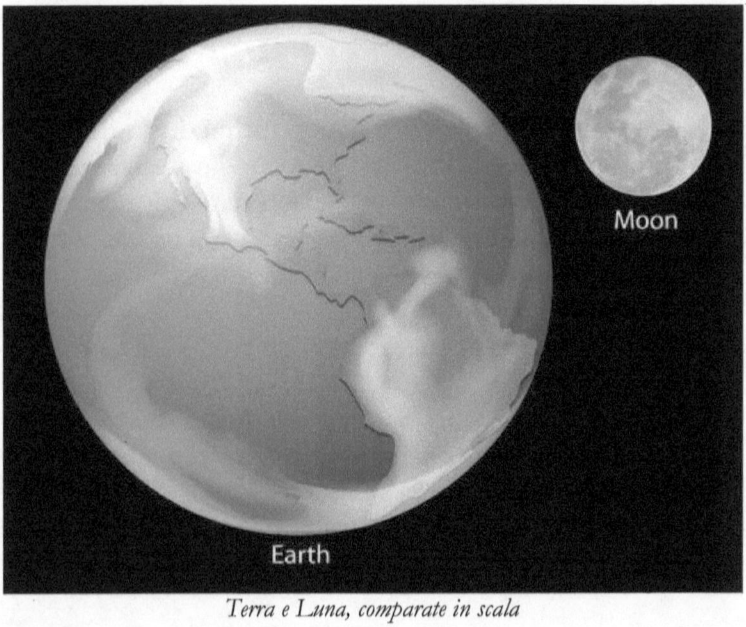

Terra e Luna, comparate in scala

1.4. Come è nata la vita sulla Terra?

Beh, non disponiamo d'informazioni certe da poter escludere che la vita, come la conosciamo, sia fiorita in **ambiente acquatico o subaereo**.

Tramite il noto processo della **fotosintesi clorofilliana**, gli esseri viventi ricavano energia direttamente dal Sole.

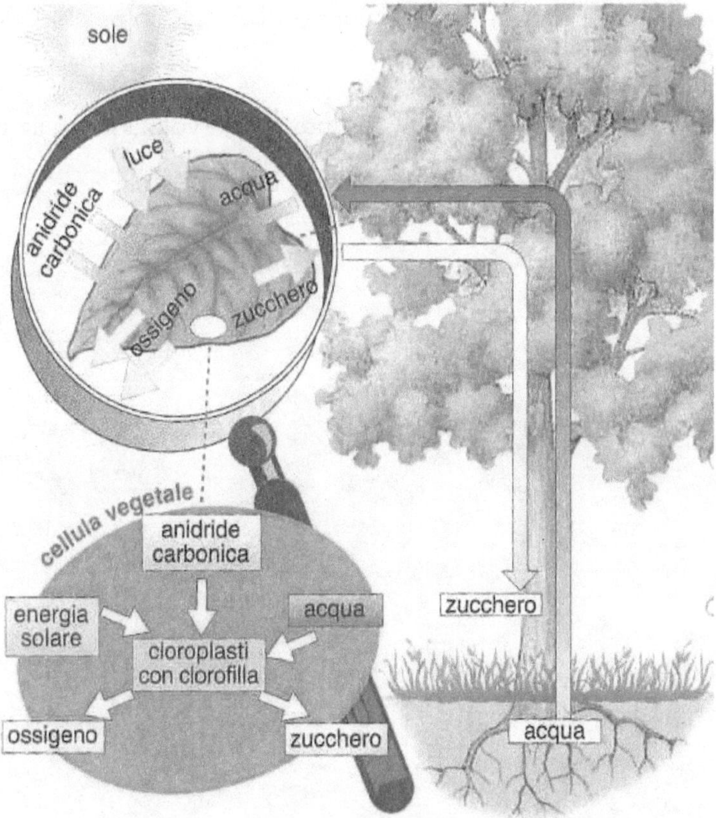

La fotosintesi Clorofilliana, imm. di Studia rapido, fonte Facebook

Grazie a questo processo (7) aumentò la percentuale d'ossigeno che dall'acqua si concentrò nell'atmosfera.

Qui, mutò in parte, creando lo **strato d'ozono** che protegge il pianeta dalle radiazioni ultraviolette provenienti dal Sole. Questo strato d'azono per noi viventi è molto importante, proprio per questo, proteggendo l'ambiente, dobbiamo scongiurare il fenomeno nocivo definito "**buco dell'ozono**".

Ritornando alla vita, invece, i meccanismi di **proliferazione cellulare** portarono allo sviluppo di forme complesse, detti **eucarioti**.

Questa magnifica infografica sintetizza l'evoluzione della vita della terra, meglio di ogni altra descrizione scritta.

Rosina, ti va di fare una bella "spiega" sull'**origine della vita**, chiara ma breve, così io mi riposo un po' e mi prendo un bel tè?

Ma certo Capo, agli ordini!

Allora... Pare che la vita sulla Terra si sia potuta originare a partire da circa 3,9 miliardi di anni fa, quando il nostro pianeta iniziò a raffreddarsi e l'acqua si stabilizzò a uno stato liquido. A questo punto si formarono i primi batteri che, quindi, sono i nostri primi antenati! In realtà sto un po' semplificando, perché dovremmo partire innanzitutto dalle primissime ***molecole organiche****, come* ***aminoacidi e nucleotidi****, che furono i primi mattoni della vita.*

Queste ***biomolecole*** *sono state ritrovate anche all'interno dello spazio, in nebulose e meteoriti, pertanto, alcuni scienziati teorizzano che i primi ingredienti della vita sulla Terra siano potuti venire proprio dallo Spazio, magari a cavallo di una cometa, come quella visitata dalla mia sorellina* Rosetta.

Dunque, questi composti organici sguazzavano all'interno del cosiddetto ***brodo primordiale****, la vera culla della vita.*
Queste prime sostanze organiche si sarebbero combinate formando molecole sempre più complesse, fino ad arrivare ai ***coacervati****, i diretti* ***progenitori delle cellule****, secondo il biochimico russo* Oparin *(1894-1980).*

*Dunque, finora siamo ancora nell'****era Precambriana*** *e la vita è esclusivamente batterica. Dobbiamo fare poi un enorme salto temporale, passando all'****era Cambriana****, perché la vita si evolva in una forma molto primitiva di flora e fauna. Qui la nostra linea temporale è arrivata a circa 500 milioni di anni fa, che è praticamente ieri rispetto ai circa 4 miliardi di anni orsono da cui è partito il nostro racconto.*

Ok Rosina! Grazie per questo tuo breve ma succoso excursus. Mi rendo conto che sulla vita andrebbe scritto un libro a parte ma non è questo il nostro obiettivo, quindi torniamo subito alla nostra esplorazione spaziale.

Passiamo, in particolare, a parlare degli altri pianeti che compongono il sistema solare.

1.5. Nascita dei Pianeti del Sistema Solare

Per introdurre i pianeti, facciamo prima un passettino indietro, anche a titolo di ripetizione, che è sempre utile!

Dunque, dal punto di vista storico, **Immanuel Kant** (filosofo e matematico, docente di logica e metafisica) postulò per primo l'**Ipotesi della Nebulosa Primordiale** (1755, Storia Universale della Natura e del Cielo), seguito poi da **Pierre-Simon Laplace** (Beaumont-en-Auge, 23 marzo 1749-Parigi, 5 marzo 1827, matematico, fisico, astronomo e nobile francese), nella "*Exposition du système du monde*".

Come abbiamo visto, la **Teoria Nebulare** afferma che il sistema solare abbia avuto origine dal collasso gravitazionale di una nube gassosa, la **Nebulosa Solare**, la quale inizialmente poteva avere una massa circa tre volte quella solare.
Lecito chiedersi come mai si sia raggruppato tutto questo materiale per poi collassare. Probabilmente, dovrà aver ricevuto una "spinta" da un oggetto di notevoli dimensioni nelle vicinanze che è esploso (tipo una supernova).
Durante il collasso la nebulosa, contraendosi, si mise a ruotare più rapidamente (secondo la **legge di conservazione del momento angolare**) e a riscaldarsi. Repetita iuvant.
A causa dell'azione gravitazionale, della pressione, dei campi magnetici e della rotazione, la nebulosa ha formato un **disco protoplanetario piatto**, con il **protosole** al centro, analogamente in via di contrazione.

Rosina: Mi vien caldo solo a pensarci!

Sì, cara Rosina, era tutto così caldo che l'acqua non era presente in forma liquida, trovandosi con altre molecole volatili per loro natura, come il metano.

Gli oggetti che si sono ivi formati, prendono proprio il nome di **planetesimi**, poiché la loro massa non raggiungeva nemmeno l'1% dell'intero disco.

Fra questi, alcuni erano composti da **silicati e metalli**, dando origine ai **pianeti di tipo roccioso**.

Come ricorderete dalla scuola, **Giove, Saturno, Urano e Nettuno sono i pianeti gassosi.**
Gassosi, essendo più lontani dal Sole, a causa della bassa temperatura e dell'alta concentrazione di materia. Ciò produce una più alta azione gravitazionale, predisponendoli così a trattenere l'atmosfera originaria della nube.

I **pianeti di tipo roccioso**, invece, hanno sviluppato un'atmosfera in un secondo tempo, grazie all'attività vulcanica e agli inevitabili urti che avvenivano in quel dato periodo così "turbolento".

Come abbiamo visto, la protostella, dopo aver innescato la fusione nucleare al suo interno, generando conseguentemente il **vento solare**, ha allontanato gas e polveri, da cui sono poi derivati i pianeti.

Qualcuno potrebbe chiedersi, come mai i gas e le polveri non si siano via via concentrati tutti di nuovo al centro (vedi sempre la legge della conservazione del momento angolare in appendice). Probabilmente, la rotazione del sistema centrale è stata rallentata tramite attrito con questi ultimi, se la nebulosa non era molto densa.

Rosina: Meglio per noi, ragazzi!

Già! Tuttavia, ci sono alcune cose che non riusciamo a spiegare, rimanendo nel campo delle ipotesi.

I planetesimi hanno subito degli spostamenti, fino a raggiungere le posizioni originarie e sono inclinati rispetto al piano dell'eclittica. Alcuni sono davvero incredibili! **Urano è inclinato di 98°**, cosa che lo porta a rotolare sulla sua orbita.

Anche i satelliti dei vari pianeti hanno orbite irregolari. Tutto ciò porta a concludere che vi siano stati altri accadimenti dopo la nascita del sistema solare, dei quali non siamo ancora a conoscenza. Oggi possiamo affermare, infatti, che i pianeti occupino delle orbite diverse rispetto all'origine.
La causa di questa modificazione è dovuta ai continui impatti fra i corpi.

Rosina: Come nel gioco delle bocce?

Più o meno! In virtù di questo, comunque, si è formato il sistema **Terra-Luna**, così come la coppia **Plutone-Caronte**.

Il residuo di questi terribili impatti ha poi generato la cosiddetta **Fascia di Kuiper**, ossia la "periferia" del sistema solare, composta da sostanze volatili congelate, come ammoniaca, metano e acqua.

Come si vede dall'illustrazione precedente, la fascia di Kuiper è composta da tantissimi oggetti minori, tra cui anche il pianeta nano **Plutone**.

La superficie di Plutone, fotografata dalla sonda New Horizons (da Wikipedia)

La maggior parte di questi piccoli oggetti, come le meteore, sono composti principalmente da ghiaccio. Lo stesso **Plutone**, che è anche più piccolo della Luna, è composto da ghiaccio e roccia.

Molti degli oggetti della fascia di Kuiper furono scagliati verso il sistema solare interno da **Saturno, Urano** e **Nettuno**, mentre **Giove**, spesso, spinse questi oggetti fuori dal sistema solare. Come risultato di queste interazioni, Giove migrò su orbite più strette verso il Sole, mentre Saturno, Urano e Nettuno migrarono verso l'esterno. Il pianeta più esterno (Nettuno) sarebbe, quindi, stato spinto ulteriormente fuori, dentro l'orbita occupata allora dalla fascia di Kuiper.

Gli oggetti che occupano la fascia di Kuiper avevano una massa troppo piccola per consolidarsi in un pianeta. La gravità gioviana li spinse su orbite molto ellittiche e, in certi casi, fuori dal sistema solare.

Alcuni corpi, inoltre, sono stati spinti su orbite altamente ellittiche a loro volta, e sono quelli che formano la cosiddetta **nube di Oort**, grossa fascia di comete, ancora più periferica rispetto alla fascia di Kuiper. Ne riparleremo più avanti.

1.6. Nascita dei Satelliti

La maggior parte dei pianeti del sistema solare possiede dei **satelliti naturali**, come la nostra Luna

Vi sono almeno tre possibili cause relative alla genesi dei satelliti che orbitano attorno ai nostri pianeti:

1. **Formazione contemporanea al pianeta** tramite condensazione del disco proto-planetario originario (più probabile nei giganti gassosi), come due fratellini;

2. **Residui di frammenti da impatti violenti** (solo per pianeti rocciosi), come di pensa sia nata la Luna, quindi figlia della Terra;

3. **Cattura gravitazionale di oggetti molto vicini** (fattibile per entrambe le tipologie di pianeti), finiti per orbitare attorno al proprio pianeta, come in una sorta di fidanzamento cosmico.

Nel caso del punto 2, semplicemente in seguito all'urto, quella parte del pianeta che viene espulsa rimane comunque nelle vicinanze a causa della gravità (es. sistema Terra-Luna).

1.6.1. Le Forze di Marea generate dai satelliti

Le forze di marea sono un effetto secondario dell'interazione gravitazionale: qualora un pianeta molto grande subisse l'influenza gravitazionale di un altro, questa forza potrebbe variare considerevolmente da una parte all'altra dell'oggetto. La forma stessa del pianeta può modificarsi, pur mantenendo lo stesso volume. Supponendo un oggetto di forma inizialmente sferica, l'azione continua di queste forze gravitazionali, dette appunto **forze di marea**, lo condurrebbero alla distorsione generando un **ellissoide**.

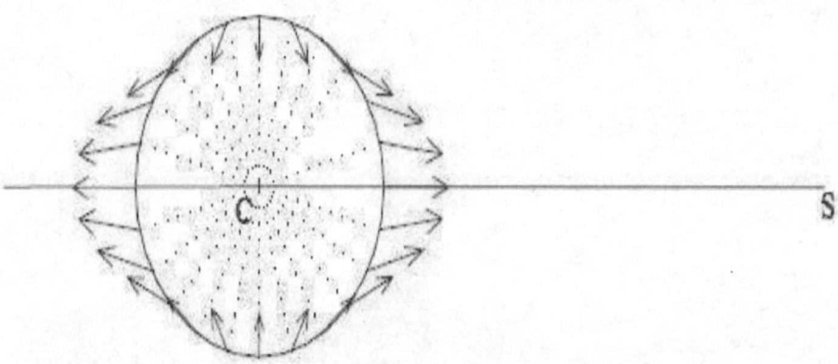

Esempio di forza mareale provocata dall'azione del Sole sulla Terra, Univ. di Pisa

I sistemi satellitari nel loro complesso continuano a modificare la loro orbita a causa delle forze mareali. L'atmosfera (e nel caso della Terra anche l'oceano) subisce un rigonfiamento a causa della forza di marea esercitata dalla Luna.

1.6.2. Le due facce della Luna

Rosina: Sapete perché la Luna ci presenta sempre la stessa faccia?

Perché la sua rotazione è sincrona: fa un giro su sé stessa nello stesso tempo che impiega a farsi un giro attorno alla Terra.

Pertanto, l'emisfero lontano della Luna non ha mai la possibilità di finire rivolto verso un osservatore terrestre.

Le due facce lunari: visibile e nascosta

Abbiamo visto che l'attrazione esercitata dalla Luna sulla Terra provoca le maree sul nostro pianeta. Il sollevamento delle masse d'acqua oceaniche crea sulla superficie terrestre una sorta di rigonfiamento e questa protuberanza esercita analogamente una forza attrattiva.

La Terra ruota attorno al proprio asse come sappiamo in un giorno, mentre la Luna rivolve attorno alla Terra in circa 28 ore. Pertanto, il nostro satellite rimane più indietro rispetto alla protuberanza, perché procede più lentamente. La Luna viene così trascinata e la sua velocità tende progressivamente ad aumentare, causando un conseguente allargamento dell'orbita. Parliamo di 3,8 cm l'anno.

Nella situazione opposta, oppure anche nel caso il pianeta abbia un'orbita retrograda attorno al pianeta, il rigonfiamento segue il satellite rallentandolo, provocando un restringimento dell'orbita nel tempo. Tipico esempio è la luna marziana **Fobos**, che invece si avvicina al pianeta.

E il contrario può essere vero? Un pianeta potrebbe creare a sua volta un rigonfiamento nella superficie del satellite?
Certamente! Tipico esempio la luna di Giove, **Io**.

Anche nel caso di Plutone e del suo satellite **Caronte**, pianeta e satellite sono legati l'uno all'altro da forze di marea.

1.7. Come è composto il sistema solare oggi?

Il Sistema solare è un insieme di corpi celesti che ruotano tutti intorno alla stessa stella, il Sole. Con un'estensione di circa 4 miliardi di km, lo spazio occupato dai corpi solidi è esiguo rispetto alle dimensioni del sistema.

I pianeti che lo occupano sono 8. Inoltre, il sistema è costituito dai **pianeti nani**, i **satelliti**, (lune che orbitano intorno a pianeti o pianeti nani), gli **asteroidi** (corpi rocciosi o metallici di forma irregolare), le **comete** (polvere, ghiaccio e gas), i **meteoriti**, (frammenti rocciosi che talvolta raggiungono la Terra).

Pianeta	Raggio del pianeta (Km)	Distanza dal Sole (milioni di Km)
Mercurio	2400	60
Venere	6000	110
Terra	6400	150
Marte	3400	220
Giove	71000	780
Saturno	60000	1400
Urano	25000	2800
Nettuno	25000	4500
Plutone *	2000	5900

Tabella che fornisce in chilometri raggio e distanza dal Sole dei pianeti e del pianeta nano Plutone (fonte Lumsa)

Analizzeremo le proprietà dei pianeti e degli altri oggetti del Sistema Solare in dettaglio nel prossimo capitolo.

1.8. Futuro del Sistema Solare

Abbiamo già visto, in precedenza, cosa succede quando una stella muore. Ma torniamoci un attimo su.

La stella in fase di esaurimento del suo combustibile nucleare subisce una trasformazione profonda e modifica irrimediabilmente quanto le sta intorno.
Fra circa 5 miliardi di anni, il combustibile nucleare all'interno del Sole andrà via via esaurendosi. Il nucleo di elio ormai inattivo, non essendo più teatro di reazione, si contrarrà a seguito di questo restringimento e la massa compressa innalzerà la sua temperatura. In questo modo il nucleo fonderà più rapidamente.

Il materiale uscente prodotto da questa fusione farà aumentare la massa del Sole con conseguente ulteriore innalzamento della temperatura superficiale. Con una luminosità che supera il 10% di quella attuale, questa palla di fuoco investirà la Terra di radiazioni. Non ci saranno più forme di vita in superficie. In questa fase il sole diventerà una stella **Gigante Rossa**.

Marte, il pianeta dopo il nostro, potrebbe non essere più così freddo e l'acqua congelata nel sottosuolo potrebbe migrare in superficie sotto forma liquida.
L'atmosfera di Marte si potrebbe arricchire di **anidride carbonica**, sempre per effetto del surriscaldamento; tale gas, una volta raggiunta l'atmosfera, darebbe origine all'effetto serra, surriscaldando ulteriormente il pianeta.

Rosina: In questa situazione, magari, potrebbero crearsi le condizioni giuste per generare la vita in forme complesse anche su Marte: mare, atmosfera e temperatura giusta, un posto ideale per una bella vacanza marziana! La Terra, invece, sarà nel frattempo diventata un inferno rovente come Venere. Niente più acqua, niente più gas in atmosfera, niente vita come noi la conosciamo. Sono trascorsi circa 3,5 miliardi di anni da oggi. Ahi, ahi! Forza Elon Musk, portaci su Marte! ☺

Il Sole continuerà, nel frattempo, a collassare nel nucleo. L'idrogeno residuo si sposterà all'esterno facendo dilatare e conseguentemente raffreddare la sua superficie.

La nostra stella diventerà così una gigante rossa: temperatura più bassa ma dimensioni colossali: 6,4 miliardi di anni, 5000 K.

La dilatazione, l'abbassamento della temperatura e l'aumento della luminosità non si arresteranno.
Il Sole in fase di espansione avrà un raggio 256 volte quello attuale, così **Mercurio e Venere saranno da esso fagocitati**.

All'interno di questa nube espansa, però, la materia è più rarefatta, con un nucleo in collasso. È probabile che a questo punto l'interazione gravitazionale perda potenza e alcuni oggetti, come quelli più esterni, si potrebbero allontanare a livello orbitale.

Rosina, tutto questo scenario cosa ti suggerisce?
Beh, ad esempio, che magari, gli oggetti esterni alla fascia di Kuiper (tipo Plutone e Caronte) potrebbero sviluppare le condizioni ambientali giuste per la vita, non essendo più corpi ghiacciati.

Tornando al Sole, dopo l'esaurimento dell'idrogeno a livello nucleare (depositatosi nella parte esterna), tocca all'elio di cadere nel nucleo. Quando questo accadrà, **la stella aumenterà di massa e quindi di temperatura**.

L'elio fonderà producendo carbonio e ossigeno (*flash dell'elio*), causando di nuovo una contrazione, durante la quale l'elio verrà consumato (sempre nel nucleo). I residui di questi due gas si concentreranno poi nella parte più esterna seguitando a bruciare.
Nel nucleo rimarranno solo carbonio e ossigeno, così il Sole diverrà una **nana bianca**, calda e densa, con un volume simile a quello terrestre.
In verità, quando l'atmosfera solare si disperderà lentamente nello spazio interplanetario, darà origine al "**supervento**", assumendo l'aspetto di una **nebulosa planetaria** (com'era ai primordi).

Rosina: Vi invitiamo sempre a fare riferimento alla biografia per approfondimenti.
Brava Rosina!

Trascorsi altri due miliardi di anni il nucleo del Sole, ricco di carbonio, inizierà a cristallizzare, trasformandosi in un vero e proprio diamante di dimensioni planetarie, destinato a spegnersi e non risplendere mai più.

Siamo così giunti alla fine del primo capitolo del nostro viaggio spaziale e spero che ti sia finora divertito.

Ma sono curiosa e ti chiedo:
Quale argomento ti è piaciuto di più?
E quale cosa ti ha sconvolto maggiormente?
Cosa, invece, ti ha incuriosito di più?
Pensaci e rispondimi!

Voglio lanciarti anche una riflessione di fine capitolo.
Ti sei reso conto che anche nello spazio ogni cosa è in divenire, al contrario di quanto possa apparire?

È ovvio che parliamo di cifre temporali ben più dilatate rispetto ai parametri della vita, parlando di milioni e miliardi di anni, quando descriviamo certi fenomeni.

Quindi spero che i discorsi sulla morte del sole e del sistema solare non ti abbiano messo ansia, perché parliamo di miliardi di anni a venire.

Rosina: Beh ma una cometa potrebbe colpirci molto prima facendoci estinguere in un attimo!

Ma Rosina! Come ti devo dire che la devi smettere?!? ☺

I segreti svelati in questo capitolo

. L'astronomia è nata affinché l'uomo potesse dare una spiegazione di quanto osservava in cielo e dell'alternanza di alcuni fenomeni naturali (stagioni, susseguirsi del giorno e della notte).

. La nascita del sistema solare è avvenuta in un guazzabuglio teatro di scontri, distruzione e successiva riaggregazione del materiale sparso.

. Il risultato di questa guerra protoplanetaria iniziale siamo noi e i nostri coinquilini.

. Anche le stelle muoiono dando, però, origine ad altri oggetti.

. La Luna è nata dalla Terra ed causa delle maree.

. Il nostro Sole, grazie al quale siamo vivi, un giorno ci distruggerà.

2. I PIANETI DEL SISTEMA SOLARE

2.1. Tutto quello che devi sapere sulla Luna

Allora, cari viaggiatori spaziali, ho deciso di chiamare la nostra astronave *Tellus,* che nell'antica Roma era la Terra, dea nutrice (altre volte chiamata Terra Mater, per il pantheon ellenico *Gaia).*

Ebbene, ora la *Tellus* si trova al cospetto della Luna.

Rosina: La Luna… non trovate assomigli ad un cocomero? ☺

Ma Rosina, pensi sempre a mangiare! LoL

Facciamo un riassunto breve ed immediato delle sue caratteristiche tramite la seguente tabella, ricavata dal web.

Tipo	Satellite
Distanza Terra Luna (media)	385 000 km (0,002574UA)
Perigeo	356 000 km (0,00238 UA)
Apogeo	407 000 km (0,002721 UA)
Velocità orbitale media	0,964 km/s
Mese sinodico	29 giorni 12 ore 44 minuti 2,9 secondi
Mese sidereo	27 giorni 7 ore 43 minuti 12 secondi
Velocità di rotazione (equatoriale)	4,627 m/s
Inclinazione dell'asse	1,5424°
Inclinazione dell'orbita rispetto all'eclittica	5,145396°
Inclinazione dell'orbita rispetto all'equatore terrestre	18,30° - 28,60°
Massa della Luna	(0,0123 volte quella della Terra)
Diametro della Luna	3 476 km
Volume della Luna	2,1958 x 1019 m^3 (0,02028 volte quello della Terra)
Superficie della Luna	37,93 x 1012 m^2
Densità media	3,3462 g/cm^3
Temperatura sulla Luna (media)	-23°C
Temperatura massima	123°C
Temperatura minima	-233°C
Pressione alla superficie	3 x 10-10 Pa
Accelerazione di gravità	1,622 m/s^2
Atmosfera	Assente

Prima di elencare quelle che sono le caratteristiche intrinseche di un corpo, si descrivono i suoi movimenti nello spazio per identificare la posizione che occupa e in che modo può influenzare gli oggetti vicini.

La Luna, essendo un satellite, oltre a ruotare attorno al Sole e lungo il proprio asse, orbita anche attorno alla Terra.
Avendo un'**orbita ellittica**, la distanza Terra-Luna cambia notevolmente lungo la propria traiettoria di rotazione, passando da 356.000 km (**perigeo**, punto di minima distanza) a 407.000 km (**apogeo**, punto di massima distanza). **Questo è il motivo per il quale, a volte, sembra più grande o più piccola.**

Il nostro satellite impiega in media un tempo pari a 27 giorni, 7 ore, 43 minuti e 12 secondi, per percorrere un'orbita completa (**mese sidereo,**) con un senso **di percorrenza antiorario.**
Attenzione però, questo è un dato di riferimento esterno, rispetto alle stelle lontane: se fossi su un altro pianeta, farei proprio questo tipo di calcolo.
Se invece mi piazzo in un punto qualsiasi sulla Terra ad osservare il suo moto di rivoluzione, la Luna impiega in media un tempo pari a 29 giorni, 12 ore, 44 minuti e 2,9 secondi, per ripresentarsi nello stesso punto, modo e aspetto (**mese sinodico** o **mese lunare**).

Perché accade questo? Perché anche la Luna orbita, a sua volta, attorno al Sole.

Fin da piccola, sognavo di vedere la Terra sorgere, trovandomi sulla Luna. Questo sarebbe tecnicamente impossibile per me, ma non solo perché di professione non faccio l'astronauta.

A breve ti svelerò un segreto…

Adesso che siamo atterrati sulla Luna, con la nostra *Tellus*, vediamo una Terra immobile davanti a noi.
Che dite aspettiamo per vederla scomparire e sorgere? Secondo voi è possibile?

Nel 2015 la NASA pubblicò una foto ad alta risoluzione, della Terra vista dalla Luna mentre sorge all'orizzonte. L'immagine era il risultato di diverse fotografie scattate il 12 ottobre dal *Lunar Reconnaissance Orbiter* (LRO) in movimento (che viaggiava a 1.600 metri al secondo), a 134 km dalla superficie lunare, combinando i dati rilevati da due diverse fotocamere. In basso, si osserva la superficie frastagliata del cratere lunare Compton.

Tuttavia, se ci trovassimo sulla Luna, non vedremmo mai la Terra sorgere. Infatti, a causa della rotazione sincrona del nostro pianeta con il satellite, la Terra apparirebbe un punto blu pressoché immobile.

Dunque, non potrò mai vedere la Terra sorgere dalla Luna, per cui mi accontenterò di questa bellissima immagine.

Il nostro unico satellite naturale ci appare particolarmente luminoso, essendo letteralmente travolto dalla luce solare.

Siamo atterrati sulla nuda roccia e come vedete, **non esiste atmosfera**, poiché non è stata in grado di trattenerla.
La Luna ha piccole dimensioni e una gravità pari a circa 1/6 di quella terrestre. Sulla sua superficie ci sono enormi sbalzi di temperatura: si passa da -100°C nelle zone non esposte al Sole a +120°C nella parte rivolta verso la nostra stella.

La faccia visibile dalla Terra è costellata da circa 300.000 crateri (è in rotazione sincrona con il nostro pianeta, ciò vuol dire che rivolge sempre questa stessa faccia verso di noi, come sappiamo). Il cratere più grande della Luna (e dell'intero sistema solare) è il **bacino Polo Sud-Aitken**, che ha un diametro di circa 2500 km, cioè la distanza equivalente tra la Sicilia e l'Inghilterra.

Il cratere lunare Aitken, da Wikipedia

Del lato nascosto della Luna non si sapeva nulla fino a quando non si riuscì a condurre le prime esplorazioni spaziali a cavallo tra gli anni '60 e '70 del '900.

La Luna orbita ad una distanza di circa 380.000 km dalla Terra (come illustra la tabella d'apertura), abbastanza vicino da renderla visibile ad occhio nudo e da poter apprezzare alcuni dettagli della sua superficie.

Sulla Luna vi sono anche delle zone pianeggianti, che Galileo apostrofò come "mari", oltre a montagne che si presume siano vulcani spenti.

Sulla Luna non è presente acqua allo stato liquido e nessuna forma di vita; le sonde cinese *Chang* hanno, però, rilevato **presenza di ghiaccio**. Questo è uno de motivi per i quali torneremo sulla Luna.

Parliamo un po' di storia ora. Rosina, credo che tu possa conoscere ancor meglio di me certi dettagli...

Rosina: Come dire che sono vecchia? Beh, grazie! E comunque hai ragione, perché ricordo bene quando la sonda sovietica "Luna 3" osservò per prima il lato nascosto della Luna.

*Il **21 luglio 1969**, però, fu **Neil Armstrong** a mettere piede per primo sulla sua superficie: parlo della missione **Apollo 11**, nell'ambito del programma Apollo. L'ultima avventura lunare di quel tipo risale al 1972. Parleremo nel dettaglio dell'esplorazione spaziale più avanti.*

C'è molto altro che occorre sapere ancora sulla Luna.

Già, e sono sicura che i nostri ospiti viaggiatori vorranno conoscere il perché delle **fasi lunari**, ce ne parli?

Certo! Allora, il diverso aspetto della Luna, per come la vediamo tutte le sere, in diverse sue porzioni illuminate in maniera crescente fino alla **Luna piena**, *è generato dal su* **orientamento rispetto al Sole**. *Che sembri una falce o un disco o un disco privato di un lembo o sia addirittura assente nel cielo, questi diversi aspetti sono detti* **fasi lunari**, *e durano all'incirca una settimana ciascuno; ne abbiamo quattro:*

1. **Luna nuova o Novilunio**: *quando la Luna si trova fra Terra e Sole (vale a dire è in congiunzione). La Luna sorge al mattino e tramonta alla sera ed è visibile perché la faccia illuminata è rivolta verso il Sole.*

2. **Primo quarto**: *cioè quando la Luna è in quadratura; ciò significa che le linee immaginarie che congiungono Sole, Luna e Terra formano un angolo di 90° (retto). Essa sorge a mezzogiorno e tramonta a mezzanotte e il Sole illumina metà della faccia visibile dalla Terra.*

3. **Ultimo quarto**: *cioè quando la Luna è ancora in quadratura, ma nella parte opposta rispetto al primo. Sorge a mezzogiorno e tramonta a mezzanotte, ed è visibile perché il Sole illumina metà della faccia rivolta verso la Terra.*

4. **Luna piena o Plenilunio**: *quando la Terra si trova fra la Luna e il Sole (Luna in opposizione). La Luna sorge alla sera e tramonta al mattino, ed è visibile perché il Sole ne illumina la parte rivolta verso di noi.*

Dal Novilunio al Plenilunio la Luna è detta crescente *solo perché la superficie visibile aumenta gradualmente, mentre,* **dal Plenilunio al Novilunio, è detta calante** *laddove la superficie visibile diminuisce.*

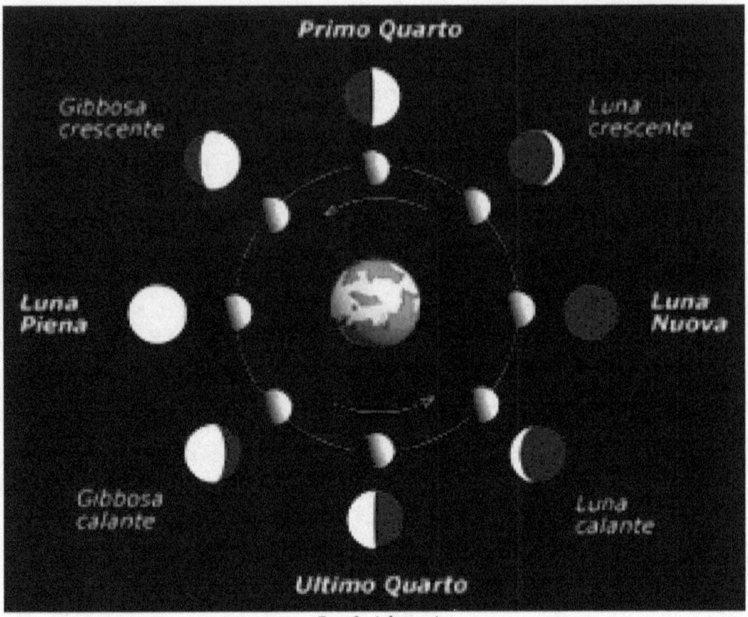

Le fasi lunari

Detti popolari (vai Rosetta… ☺)

Gobba a ponente luna crescente,
gobba a levante luna calante!
L'avete mai sentito?
Quando la parte visibile della luna è verso ovest il nostro satellite sta "crescendo", quando invece la parte illuminata è verso est, sta "calando".
Semplice: il levante è ad est (dove sorge il sole) e il ponente ad ovest (dove tramonta).
Oppure ancora: "**Crescens decrescit, Decrescens crescit**".
Gli antichi romani la facevano più facile. Crescente decresce, Decrescente cresce. In altre parole, se la luna è a forma di "C" sta decrescendo, se è a forma di "D" sta crescendo.

Come già accennato in precedenza, all'interno di questo manuale non troverete molti tecnicismi e calcoli. Non voglio certo farvi venire il mal di testa! Cerco di illustrare, in maniera semplice, un argomento che, obiettivamente, non lo è per nulla, condendo il tutto con qualche curiosità e un po' di umorismo che non guasta! L'editoria è ormai strapiena di "mattoni" che parlano di astronomia e di fisica.
Ricordo: per chi volesse approfondire, l'invito è quello di consultare l'appendice di questo testo e in ultimo la bibliografia.

Bene, è il momento di accennare una qualche **ipotesi sull'origine** del nostro satellite.

Le opinioni sono discordanti. Comunque, sembra possibile (la più accreditata fra le ipotesi) che la Luna si sia formata a seguito del violento **impatto di un enorme meteorite** (con una massa paragonabile a quella del pianeta Marte) contro la superficie terrestre, quando il nostro pianeta era ancora un globo roccioso incandescente (si parla di alcuni miliardi di anni fa). **La forza della collisione ha comportato il distacco di una porzione di materiale** che è così stato proiettato in atmosfera. Questa massa è inevitabilmente finita in orbita attorno alla Terra.

In effetti, a conferma di questa teoria, **la composizione di alcune rocce lunari risulta essere molto simile a quella terrestre**. Pertanto, il nostro satellite non deriva esattamente dal disco protoplanetario in maniera autonoma, come suggerito anche dall'orbita percorsa. **Questa teoria è detta *Big Splash*.**

2.1.1. Le Eclissi

All' interno della Luna è presente del magma allo stato liquido. I mari lunari non sono altro che crateri da impatto; ogni volta che un meteorite viene a scontrarsi con la superficie lunare causa la fuoriuscita di questo magma. La temperatura sulla superficie è più bassa e questo materiale si solidifica formando il cosiddetto "**mare di roccia nera**".

Fra i fenomeni lunari che maggiormente amiamo osservare vi sono **le Eclissi: quando Luna, Terra e Sole sono allineati** assistiamo a questi fenomeni di oscuramento.

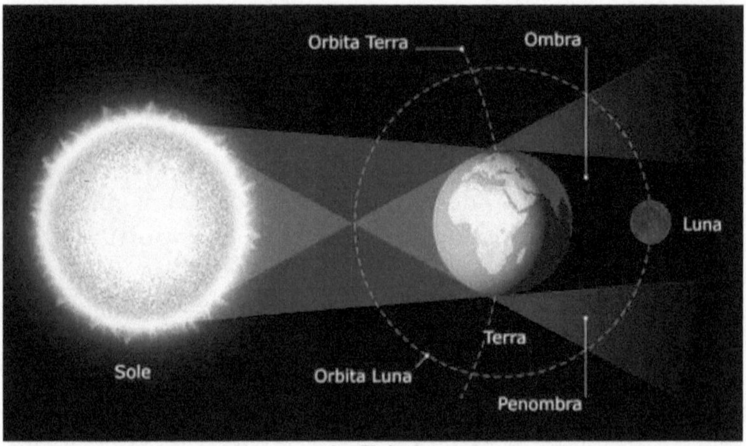

Le Eclissi

Quando la Terra s'interpone tra Sole e Luna, si ha una **eclissi lunare**. Il cono d'ombra della Terra può coprire totalmente (o parzialmente) la Luna dando origine a un'**eclissi totale o parziale**.
La Luna deve essere in opposizione (Luna piena) e Sole, Terra e Luna perfettamente allineati.

La durata di un'eclissi di Luna è uguale al tempo impiegato dal satellite ad attraversare il cono d'ombra della Terra (impiegando al massimo 1 ora e 40 minuti).

Durante l'eclissi lunare, la Luna non scompare del tutto alla vista ma, essendo debolmente illuminata dai raggi del Sole rifratti dall'atmosfera terrestre, appare come un **disco rossastro**.

Il 5 giugno 2020, si è verificata una bella **Eclissi Lunare Penumbrale**. La Luna era per il 59% immersa nel cono d'ombra della Terra e l'intera eclissi è durata 3 ore, 18 minuti e 13 secondi.

Eclissi Penombrale del 5 giugno 2020
Foto dei soci Tethys (Osservatorio di Cà del Monte, PV).
Il "mio" osservatorio ☺.

A causa delle reciproche distanze fra Sole, Luna e Terra, l'ombra che si introduce per interposizione del nostro pianeta (come si vede nella figura precedente), è sempre di forma conica.

Nelle eclissi lunari, il cono d'ombra che viene proiettato dalla Terra è sempre molto più esteso della Luna stessa, ed è accompagnato da un altro cono molto più ampio, detto *cono di penombra*, nel quale solo una parte dei raggi del Sole vengono intercettati dalla Terra.

La Luna può entrare totalmente (**eclissi totale**), parzialmente (**eclissi parziale**) nel cono d'ombra; analogamente nel cono penombrale.

Le eclissi penombrali sono più lievi perché la Luna lambisce solo l'ombra più esterna della Terra.

Infine, cambiamo argomento, facendo cenno al discorso **delle maree**.

Il livello dell'acqua sulla riva del mare non è sempre lo stesso lungo la giornata, come ben sai, ma subisce delle variazioni dette maree. Le maree consistono nell'alternarsi di un **sollevamento (alta marea)** e di un **abbassamento (bassa marea)** dell'acqua (definizione Wikipedia); ciò avviene circa ogni 6 ore.

Le maree sono causate dall'attrazione gravitazionale esercitata dalla Luna sulla Terra.

La Luna esercita una forza di attrazione più che doppia rispetto a quella del Sole perché, pur essendo più piccola, è più vicina alla Terra.

2.2. Marte e i pianeti di pietra

Classificazione	Pianeta di tipo terrestre (roccioso)
Distanza Terra Marte (media)	(220 milioni di km (2,681UA)
Perielio (distanza minima dal Sole)	206.644.545 km (1,381 UA)
Afelio (distanza massima dal Sole)	249 288 730 km (1,666 UA)
Velocità orbitale media	24,077 km/s
Periodo sinodico	779,96 giorni
Periodo Orbitale	686,96 giorni
Velocità di rotazione (equatoriale)	241,17 m/s
Inclinazione dell'asse	25° 11'
Inclinazione dell'orbita rispetto all'eclittica	1,85061°
Inclinazione dell'orbita rispetto del Sole	5,65°
Massa	6,4185 x 10^{23} kg (Il nostro peso su Marte è quindi 2,65 volte inferiore rispetto a quello terrestre! Vedi appendice 10)
Diametro equatoriale	6804,9 km
Volume	1,6318 x 10^{20} m^3 (0,107 volte quello della Terra)
Superficie	1,448 x 10^{14} m^2
Densità media	3,934 g/cm^3 (100 volte inferiore a quella della Terra)
Temperatura (media)	-63°C
Temperatura massima	20°C
Temperatura minima	-233°C
Pressione atmosferica	6,36 mbar
Accelerazione di gravità	3,69 m/s^2
Atmosfera	Presente, rarefatta

Caratteristiche di Marte

Avrete ben capito dalla tabella indicata che stiamo viaggiando verso Marte, il pianeta rosso. E ci arriviamo in un baleno! Rosso come la mia gattina Daphne…

Marte è il quarto pianeta del sistema solare in ordine di distanza dal Sole; se di notte vi capitasse di scorgere un puntino giallo-rosso potrebbe essere lui (ma ci sono alcune stelle rossastre nel firmamento che sono visibili a occhio nudo a seconda del periodo); per stabilire di cosa si tratta, occorre sapere in quale direzione cardinale stiamo guardando. Per chi non ha una bussola, ci sono diverse app che vi dicono esattamente cosa abbiamo sulle nostre teste in qualsiasi momento della notte.

Rosina: Perché Marte hai i capelli rossi? ☺

Perché **la sua superficie è ricoperta di ossido di ferro**. Non credete alle stupidaggini che trovate su Internet con notizie del tipo: "Marte in realtà è azzurro, cosa ci nasconde la Nasa?"
Vi posso assicurare che non lo è.

Marte prende il nome dall'omonima divinità della mitologia romana e il suo simbolo astronomico è la rappresentazione stilizzata dello scudo e della lancia del dio ♂ *(fonte Wikipedia).*

Marte descrive un'orbita quasi circolare; riflette la luce solare, quel tanto che basta a farlo distinguere da altri pianeti.

Come suggerisce la tabella, **le temperature superficiali medie sono molto basse** (fra -120 e -+14°C); **la sua atmosfera è molto sottile** (95% di biossido di carbonio e azoto).

Nonostante questo, ci sono parecchie somiglianze con il nostro pianeta. Una di queste riguarda il **giorno marziano (24**

h e 37'), con un'inclinazione dell'asse di rotazione simile a quella terrestre.

Possiede, inoltre, **grandi avvallamenti montuosi e catene, vulcani e deserti sabbiosi**. Questo potrebbe suggerire un passato nel quale poteva essere presente un'idrosfera.

L'atmosfera rarefatta non protegge per nulla il pianeta dagli attacchi meteorici, ecco perché la sua superficie è cosparsa di crateri.

Marte possiede il più alto vulcano del sistema solare: l'**Olympus Mons**, o **monte Olimpo:** alto circa 27 km, con un diametro di oltre 600 km! Il monte Olimpo è un vulcano attivo.

Andiamolo a vedere!

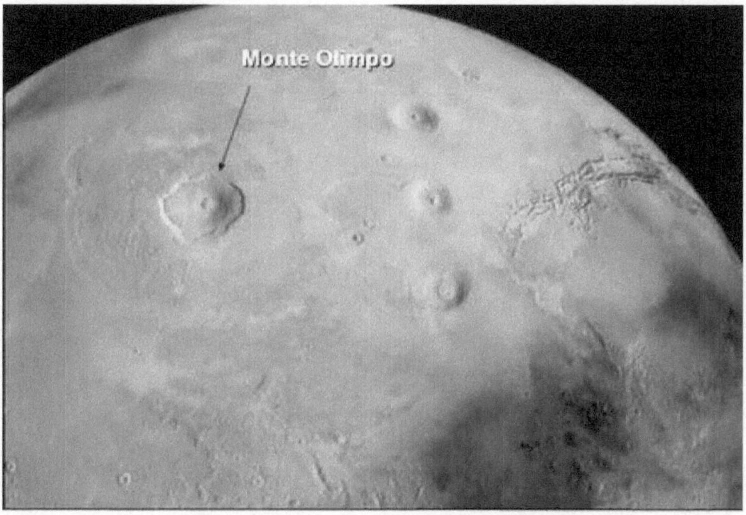

Immagini: Fonte Nasa

Rosina: Curiosità! Il graphic novel Watchmen di A. Moore (cap. IX, Nelle tenebre del puro essere, pp. 18-19, DC Comics 1986-1987, Panini 2020) mostra delle vignette in cui il Dr. Manhattan conduce Laurie in un impressionante tour aereo delle Valles Marineris e del Monte Olimpo.

Il monte Olimpo è così grande che lo puoi percepire come tale, dall'orbita ma non da suolo di Marte, essendo la sua superficie troppo estesa in rapporto all'orizzonte visivo marziano.

Spostiamoci ora all'equatore perché voglio farvi vedere le **Valles Marineris**, un lungo canyon notevolmente più esteso di quelli terrestri.

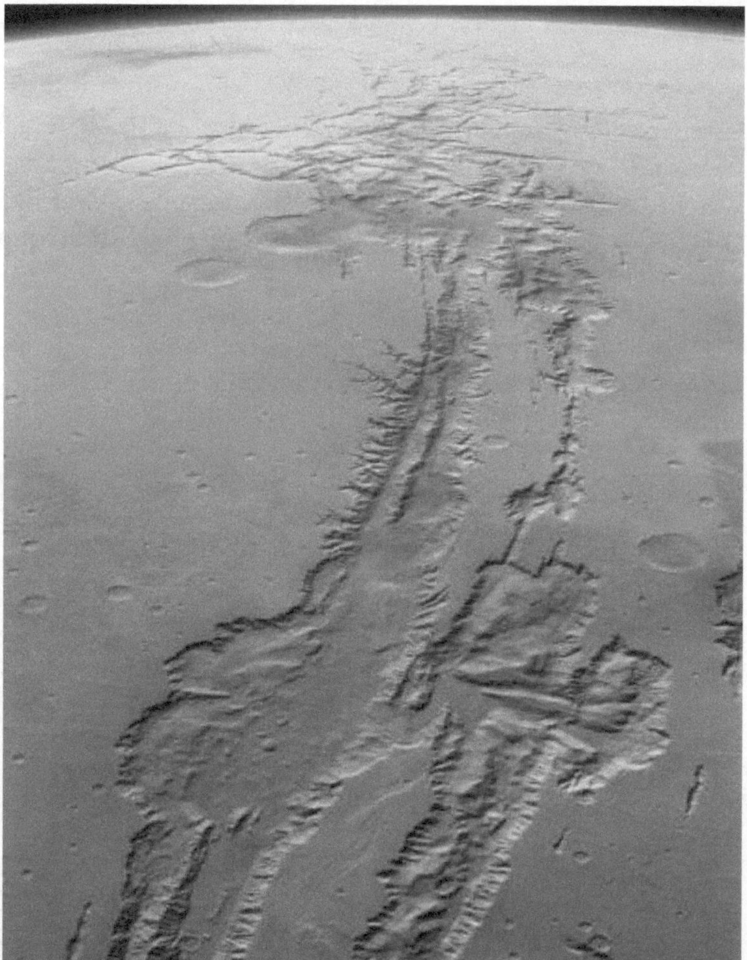

Immagine: Pagina Pianeta Marte (fonte Facebook)

Come si sono formate? Si ritiene si tratti di **fratture di natura tettonica**, successivamente rimodellate ed ampliate dall'effetto erosivo. Su Marte il responsabile del fenomeno dell'erosione (che è molto esiguo) potrebbe essere l'**anidride carbonica solida**, contenuta nel sottosuolo, che può sublimare e fuggire a grande velocità verso l'atmosfera del pianeta.

Come puoi notare, vi sono numerose variazioni di colore sul pianeta.
Recenti missioni (vedi successivo capitolo sull'esplorazione spaziale) hanno evidenziato anche la **presenza di acqua ghiacciata su Marte**.

Andiamo ora a sorvolare una zona particolarmente interessante, a nord in una regione denominata **Cydonia**. Cosa troviamo?

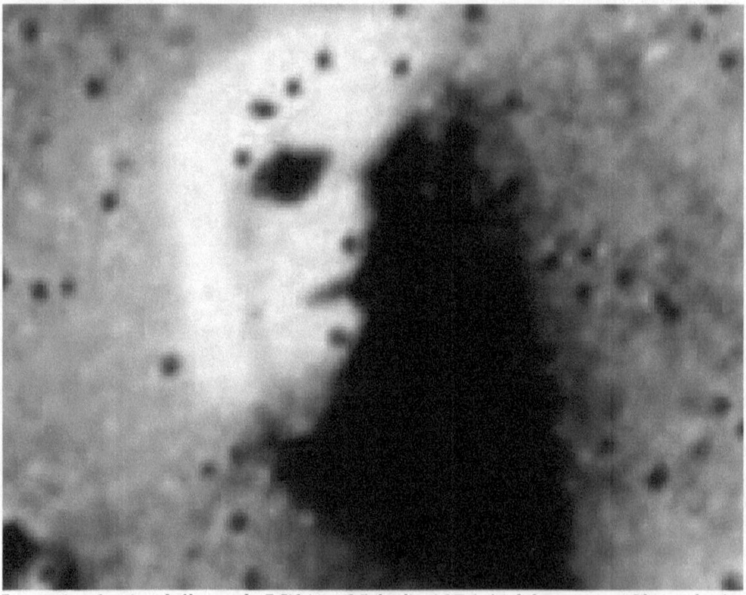

Immagine fornita dalla sonda Viking, 25 luglio 1976 (rielaborata con filtro colore)

L'effetto di luci e ombre, dal quale sembravano scaturire i tratti di un **volto umanoide**, ha fatto parlare di sé a lungo.

Ma andiamo più vicino…

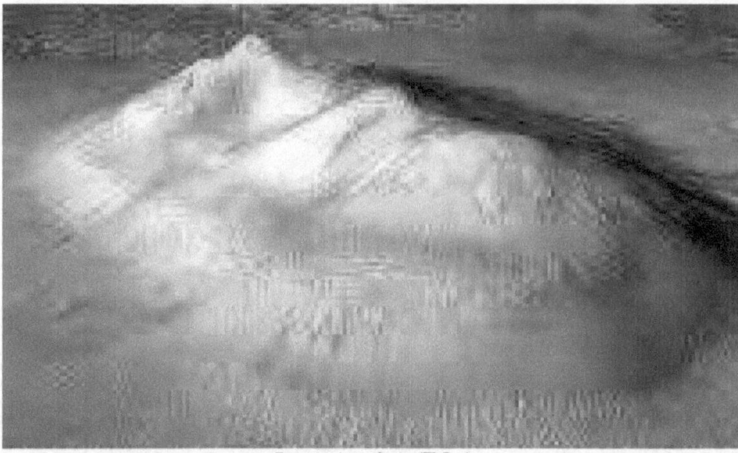

Immagine: fonte ESA

Come puoi intuire, non si tratta di un monumento artificiale costruito da chissà quale civiltà aliena. L'immagine ripresa dal **Viking**, essendo a bassa risoluzione, ha fatto scatenare fenomeni pareidolistici (la tendenza del cervello umano a riconoscere motivi familiari, specialmente volti, è detta pareidolìa).

I terrestri iniziarono a spiare il pianeta rosso con l'astronomo italiano **Giovanni Schiaparelli** (1835-1919), il quale, utilizzando un telescopio di 22 cm, ha individuato per primo i canali marziani.

Quanto mi piacerebbe parlare della storia dell'osservazione di Marte! Non voglio annoiarvi con date e trattazioni pedestri. Chi vorrà, come al solito, potrà approfondire con la bibliografia.

Marte si formò circa 4,6 miliardi di anni fa, in modo analogo agli altri tre pianeti di tipo terrestre (Mercurio**, Venere e Terra**), conseguentemente alla condensazione della nebulosa solare.

L'orbita marziana ha durata quasi doppia rispetto a quella terrestre, pertanto il suo periodo di rivoluzione è di 687 giorni (anno marziano). Il giorno solare (detto *il Sol*) è di pochissimo più lungo del nostro: 24 ore, 37 minuti e 23 secondi.

Grazie alle osservazioni della sua orbita attraverso lo spettrometro TES della missione *Mars Global Surveyor* e l'analisi di relativi meteoriti, sappiamo che **Marte ha una superficie ricca in basalto e silicio.**

Su Marte, il ghiaccio d'acqua è abbondante: i poli marziani, infatti, ne sono ricoperti e lo strato di permafrost si estende fino a latitudini di circa 60°.

Si ritiene che grandi quantità di acqua si trovino anche sotto la sua criosfera.

Si deduce, per esempio, anche dai canali di fuoriuscita delle **Valles Marineris** che la preistoria di Marte fosse caratterizzata dalla presenza di acqua allo stato liquido.

Come abbiamo già accennato alla fine del primo capitolo, del resto, **quello che osserviamo oggi, non è stato così da sempre e non lo sarà per sempre**. Quindi, possiamo immaginare una passato di Marte, ricoperto da mari, così come oggi sulla Terra.

L'attività vulcanica è stata molto intensa e si verificano anche imponenti **tempeste di sabbia**.

Il sottile strato atmosferico di Marte è visibile sull'orizzonte dell'area di **Argyre Planitia**. A sinistra è visibile il **cratere Galle**. (missione Viking 1, 1976).

I progressi nell'osservazione spaziale consentirono anche la scoperta dei due satelliti naturali, **Phobos** (25 km di diametro medio) e **Deimos** (15 km), probabilmente asteroidi catturati dalla gravità del pianeta; furono scoperti da **Hall Asaph** nel 1877. Ma come mai questi nomi, Rosina?

Beh, sono nomi un po' inquietanti, perché Phobos in greco significa "paura", "fobia" e Deimos "terrore", "mostro".

Phobos, date le sue dimensioni (1016 kg) è molto massiccio; sembrerebbe che si tratti di un grosso meteorite che non è riuscito a sfuggire alla gravità marziana.

Anche Deimos, pur essendo più lontano, molto probabilmente è un asteroide che, come il suo fratellone, è entrato ad orbitare stabilmente attorno al pianeta.

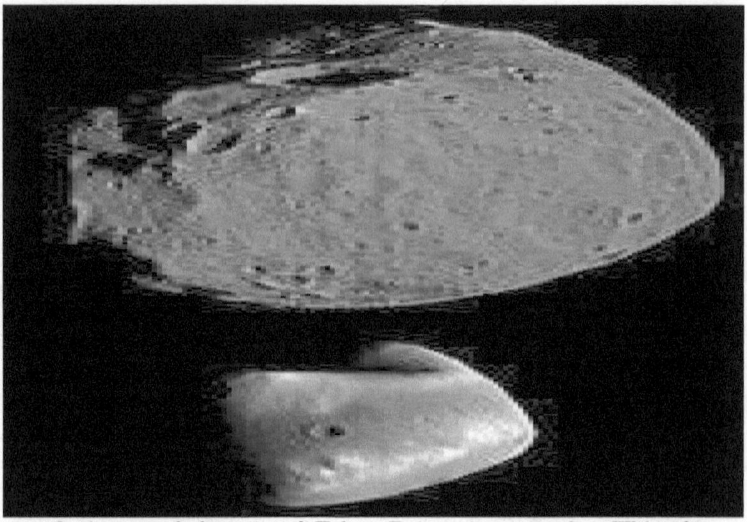
Confronto tra le dimensioni di Fobos e Deimos, immagine: fonte Wikipedia

Un curioso aneddoto.
In passato si credeva che Marte fosse abitato.
Questo perché Schiaparelli, con il suo telescopio, osservava "canali" e "mari", dei quali ovviamente non era in grado di stabilire la composizione.

Tuttavia, negli ultimi decenni, i progressi nell'esplorazione di Marte non hanno rilevato alcun tipo di testimonianza di civiltà presenti o passate. Nonostante l'evidenza fotografica (vedi il discorso del volto di Marte), però, la convinzione da parte di qualcuno che il pianeta sia abitato persiste tutt'oggi.

*Ma conosci un certo Herbert George Wells, autore di fantascienza? Questo signore pubblicò nel 1898 un romanzo dal titolo: "**La guerra dei mondi**". In questo romanzo, il pianeta rosso non sarà più in grado di ospitare i marziani, che decidono così di invadere la Terra.*
Il 30 ottobre 1938, durante una trasmissione radiofonica, venne trasmesso in diretta un adattamento del romanzo, laddove la voce di Orson

Welles annunciava alla popolazione che i Marziani erano sbarcati sulla Terra; molte persone, credendo a queste parole, furono prese dal panico e alcuni, addirittura, si suicidarono!

Quanto mi piacerebbe parlarti ancora di Marte! Ma ci torneremo nel capitolo sull'esplorazione spaziale e sarà molto più divertente, fra rover e sonde. Scopriremo così tutti i segreti del pianeta rosso.

2.2.1. Mercurio, il cucciolo di famiglia

Con la nostra *Tellus* siamo andati subito su Marte perché indubbiamente è una sorta di celebrità del sistema solare, come abbiamo visto; tuttavia, il primo pianeta roccioso in ordine di distanza dal Sole è **Mercurio**.

Vado e delinearne le caratteristiche principali senza l'ausilio di tabelle numeriche, ma tramite una trattazione più scorrevole; non a tutti piacciono i numeri (che peraltro si trovano facilmente sul web) ed io non voglio apparirti pedante, bensì, vorrei riuscire a farvi appassionare all'astronomia nel modo più coinvolgente possibile.

Mercurio è il pianeta più vicino al Sole, ma è anche il più piccolo pianeta del sistema.

Dista mediamente dal Sole 58 milioni di km (0,3871 UA) con un periodo siderale di 87,969 giorni terrestri.

È estremamente veloce essendo anche influenzato dai campi gravitazionali degli altri pianeti. Ruota attorno al proprio asse in 59 giorni terrestri (il "giorno" di Mercurio).

La temperatura varia dai 700K (427°C) ai 100 K (−173°C): o si muore di caldo o si muore di freddo!
Questa **ampissima escursione termica** (è il numero uno nel sistema solare da questo punto di vista) è dovuta alla **quasi assenza di atmosfera** che, laddove presente, svolge un ruolo fondamentale nella ridistribuzione del calore, fungendo un po' da filtro e da cappa. La sua atmosfera è, infatti, esilissima, composta da ossigeno, sodio e potassio.

La superficie di Mercurio è piena di crateri da impatto e la mappatura dettagliata è stata fornita dalla missione **Mariner 10**.

Questo pianeta è stato associato al dio Mercurio, messaggero degli dei, probabilmente a causa della sua rapidità di movimento nel cielo. Il suo simbolo astronomico è una versione stilizzata del caduceo (bastone alato con due serpenti intrecciati) del dio.

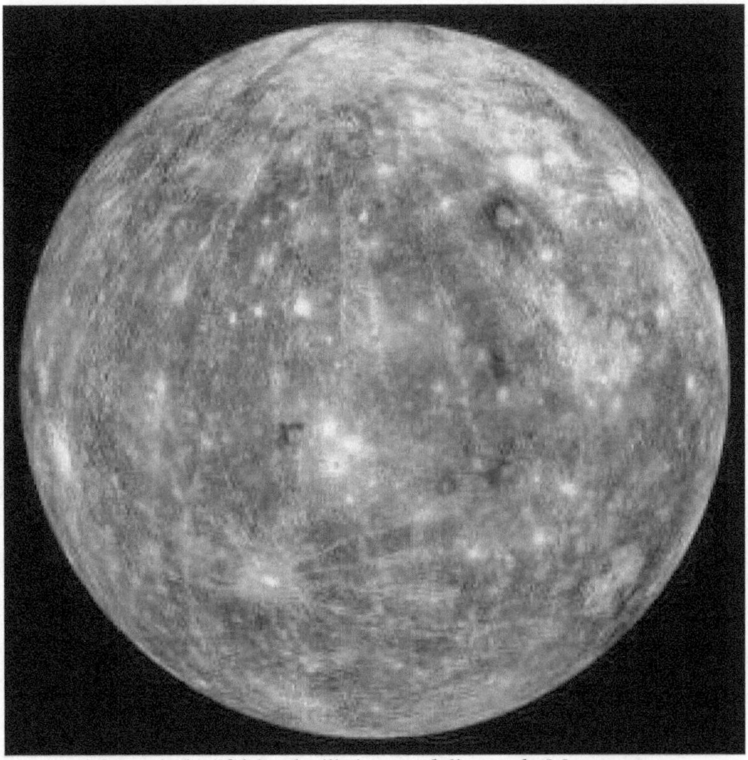

Mercurio in "falsi colori" ripreso dalla sonda Messenger.
Con questo sistema si possono mettere in evidenza le principali componenti chimiche del pianeta. Immagine: fonte NASA.

Purtroppo è difficile osservare Mercurio, essendo il pianeta più interno e avendo quindi un'albedo (11) molto bassa (solo il 12% della luce solare vien riflessa nello spazio). Il problema di Mercurio è troppo vicino al Sole!

2.2.2. Venere, bella e impossibile

Dopo Mercurio, **Venere è il secondo pianeta in ordine di distanza dal Sole**, attorno al quale ruota a una distanza media di 108.000.000 km (0,72 UA); ci impiega 225 giorni per completare l'orbita.

Venere è il nome della dea dell'amore e della bellezza secondo i Romani (Afrodite per i Greci); il suo simbolo astronomico è la rappresentazione stilizzata della mano della dea nell'atto di sorreggere uno specchio.

È l'oggetto naturale più luminoso nel cielo notturno dopo la Luna, e per questo motivo è conosciuto dalla notte dei tempi.

Venere è visibile poco dopo il tramonto e poco prima dell'alba; gli antichi greci prima e i romani poi, la chiamavano la **stella della sera** o **stella del mattino**.

Inizialmente, si poteva ben credere che si trattasse di due oggetti diversi; Pitagora avanzò per primo l'ipotesi che si trattasse, invece, dello stesso corpo celeste, ma furono gli astronomi mesopotamici a confermarlo.

Nella Tavoletta di Venere di Ammi-Saduqa, infatti, sono state riportate osservazioni del pianeta risalenti circa al 1550 a.C., in cui non si fa distinzione fra mattino e sera.

Ma avviciniamoci…

Vedete qualcosa? La folta coltre impedisce di scorgere i dettagli della superficie.

La conformazione e le sue dimensioni sono molto simili a quella terrestre, ecco perché è stato classificato come un pianeta di tipo terrestre. Tuttavia, **la temperatura superficiale è compresa fra i 250 e i 850 K**, unitamente all'**atmosfera ricca in biossido di carbonio**, la rendono piuttosto differente dal nostro. **L'atmosfera di Venere, molto più densa dell'atmosfera terrestre**, causa una pressione per noi insostenibile al suolo, pari a 92 atm.

La densità e la composizione creano un impressionante effetto serra: il calore della superficie viene trattenuto e non disperso nello spazio: **Venere è decisamente il pianeta più caldo del sistema solare**.
Le nubi di Venere riflettono abbondantemente la luce perché composte principalmente da **acido solforico**, e impediscono così la visione della sua superficie dallo spazio.

Una delle particolarità di Venere è il suo **moto retrogrado** (ruota attorno al proprio asse in senso opposto rispetto agli pianeti).
Le sue dimensioni gli consentono di esercitare una certa gravità (8,63 m/s^2) e di lasciarsi quindi sfuggire i gas atmosferici.
Il pianeta è molto vicino al Sole, per cui solo durante il giorno la luminosità solare lo rende difficilmente visibile.
Dopo il tramonto ad ovest o poco prima dell'alba verso est, è più brillante di qualsiasi altro oggetto presente in quel momento nel firmamento.
Con Sole, Luna e Giove (in misura minore), **Venere può esser visibile a occhio nudo anche di giorno**.

Fu Galileo Galilei il primo a studiare Venere, osservandola con il suo cannocchiale. Le fasi venusiane erano simili a quelle della Luna, e questo gli permise di dimostrare la correttezza del modello eliocentrico proposto da Copernico (12).

Il transito di Venere sul Sole del 1761, permise all'astronomo russo **Michail Lomonosov** di ipotizzare la presenza di un'atmosfera su Venere.
Proprio la Russia, in tempi recenti, ha provato a mandare alcune sonde su Venere ma le condizioni estreme del pianeta, hanno ben presto distrutto le povere navicelle sovietiche. Comunque Venera 13, del 1981, fece in tempo ad inviare la

la seguente foto del suolo di questo pianeta così poco ospitale.

Venere, il pianeta infernale, visto dal suolo da Venera 13

Di seguito, invece, una visione globale di Venere negli ultravioletti. Si noti il contrasto tra le caotiche regioni tropicali ed equatoriali, caratterizzate da importanti perturbazioni atmosferiche, e le più calme e limpide regioni polari.

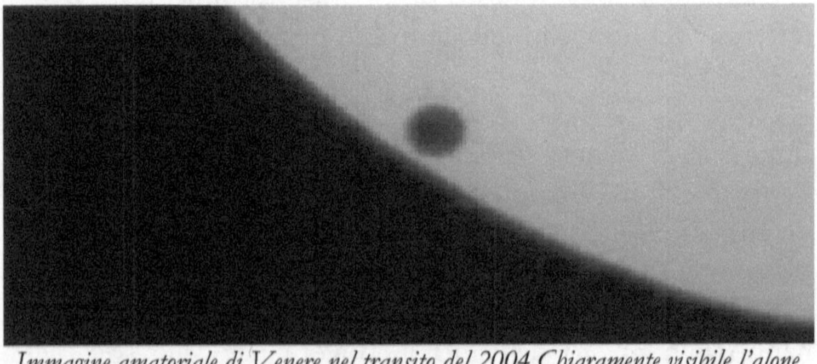

Immagine amatoriale di Venere nel transito del 2004.Chiaramente visibile l'alone analogo a quello osservato da Lomonosov nel 1761 (fonte Wikipedia)

Quando il pianeta si interpone fra la Terra e il Sole si parla di transito di Venere sul Sole, un evento poco frequente; l'ultimo fenomeno è datato 2012.

In tempi antichi, e precisamente nel 1032, uno scienziato persiano di grande rilievo, tale **Avicenna** (adattamento occidentale dell'arabo **Ibn Sīnā**), parlò di una macchia scura che si muoveva lungo la nostra stella, deducendo (in maniera corretta) che Venere fosse più vicino al Sole di quanto non lo fosse la Terra.

Questo tipo di fenomeno, al giorno d'oggi, riveste un nuovo interesse, perché costituisce un valido elemento di confronto circa l'individuazione dei pianeti extrasolari. Il **metodo del transito**, infatti, consiste nel monitorare la luminosità di una data stella per un determinato tempo, per cui se essa subisce della variazioni, si può dedurre che un pianeta sia in transito davanti la stella. Questo è uno dei metodi principali che gli astrofisici oggi adottano per scoprire sempre nuovi pianeti nello spazio, detti **esopianeti** in quanto esterni al sistema solare. Ne riparleremo più avanti.

Nel capitolo sulle esplorazioni spaziali torneremo anche delle avventure venusiane.

Curiosità: Recentemente, allo scopo di risparmiare combustibile, Venere è stato utilizzata come ***fionda gravitazionale*** *(13) per missioni dirette su altri pianeti.*
Nello specifico, lo hanno fatto la sonda Galileo, di cui parleremo, per Giove e satelliti, e la missione Cassini-Huygens, per il sistema di Saturno, la quale effettuò ben due ***flyby*** *con Venere tra il 1998 e il 1999 prima di portarsi nelle zone più periferiche del sistema solare.*
Non solo: nel 2004 anche la sonda Messenger diretta verso Mercurio ha beneficiato della spinta gravitazionale di Venere.

In poche parole, mediante questa tecnica di navigazione spaziale, una navicella, agganciando una determinata orbita, ne sfrutta la forza gravitazionale e, per effetto "fionda", guadagna notevole propulsione, risparmiando, appunto, carburante e guadagnandone in velocità.

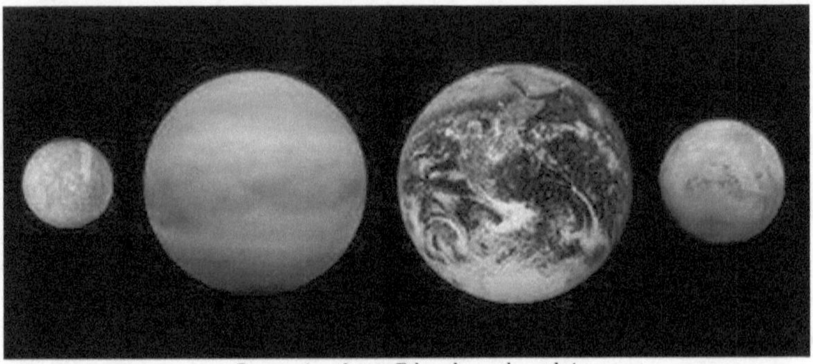

Immagine fonte: Blueplanerthearth.it

Confronto delle dimensioni dei quattro pianeti di pietra: da sinistra, **Mercurio, Venere, Terra e Marte**.

Venere è il pianeta del Sistema solare con più vulcani

Grazie alla **sonda Magellano**, siamo stati in grado di mappare la superficie, evidenziando un **intenso vulcanesimo**.

La superficie di Venere in una ricostruzione (1991) del team Jet Propulsion Laboratory (JPL) della NASA a partire dalle immagini della sonda Magellano

Venere è giovane (età compresa fra i 300-600 milioni di anni): **ci sono pochi crateri da impatto.**

La massa venusiana è all'incirca l'82% di quella terrestre e questo comporta che l'accelerazione di gravità sia 0,88 volte la nostra (14).

La cospicua quantità di **anidride carbonica** atmosferica è dovuta al fatto che su Venere **non esiste un ciclo del car-**

bonio (legato alla fotosintesi clorofilliana) in modo da incorporare nuovamente questo elemento nelle rocce e nelle strutture di superficie, così come non ci sono piante!
Ergo, **l'anidride carbonica di cui si è parlato in precedenza, è responsabile delle altissime temperature che albergano sul pianeta (effetto serra).**

Sulla superficie di Venere non ci sono alte vette, è per lo più pianeggiante.
A causa della totale assenza di acqua non è presente umidità dovuta alla temperatura e alle condizioni atmosferiche, Venere è stata spesso descritta come "**infernale**".

Venere "infernale", in un'immagine artistica

Si ipotizza che in passato vi fosse acqua sulla superficie, ma a causa della vicinanza del sole deve essere evaporata tutta; per farla breve, la temperatura al suolo ha raggiunto valori elevatissimi. I raggi solari hanno poi smembrato il vapore acqueo in ossigeno e idrogeno. L'idrogeno si è dato alla fuga e l'ossigeno si è poi ricombinato con il carbonio generando l'anidride.

Venere non ha satelliti, tuttavia, l'asteroide 2002VE68 si muove molto vicino all'orbita; 2013 ND15 è invece l'unico asteroide troiano noto ("troiano": descrive, o meglio, condivide la stessa orbita attorno al Sole).

L'impenetrabile strato di nuvole che ricopre Venere ha ispirato gli scrittori di fantascienza del passato che si sono sbizzarriti! Rosina, racconta...

Eccomi! Dunque, nel romanzo di H. G. Wells "La guerra dei mondi" del 1898, di cui abbiamo parlato per Marte, i marziani sono sbarcati su Venere dopo l'invasione fallita alla Terra.

*Olaf Stapledon nel suo romanzo del 1930 "Last and First Men" ("Infinito" secondo la traduzione in italiano) narra della colonizzazione di Venere operata dalla razza umana la quale, dopo aver sterminato i venusiani, inizia a "**terraformare**" il pianeta, introducendo vapore acqueo nell'atmosfera.*

Isaac Asimov nel suo romanzo del 1954 "Lucky Starr e gli oceani di Venere", descrisse un pianeta ricoperto da un immenso oceano ricco di vita acquatica e completamente avvolto dalle nubi, dove erano state costruite delle città sottomarine dotate di illuminazione artificiale.

Mentre la conoscenza scientifica di Venere avanzava, svelando quindi quali fossero le reali condizioni superficiali di Venere, gli autori di fantascienza persero in gran parte l'interesse per il pianeta, intimiditi dalle condizioni infernali della sua superficie.

2.3. Giove e i giganti gassosi

Il termine "**gigante gassoso**" o anche "**pianeta di tipo gioviano**" è entrato ormai nell'uso comune (astronomico), ma è stato coniato dall'autore di fantascienza **James Blish**.

Si tratta di un pianeta sul quale non è possibile atterrare perché composto principalmente da gas.
I giganti gassosi, in realtà, possono avere un nucleo roccioso, residuo della loro formazione.

Condizione essenziale per essere un gigante gassoso è possedere una massa che sia dieci volte tanto quella terrestre.

Giove è una stella mancata! Pensate che avere una massa compresa fra 25 e 70 volte quella gioviana (o anche leggermente inferiore, appena 0,08 volte quella del Sole) consentirebbe ad un oggetto di trasformarsi in una piccola stella, perché calore e pressioni al suo interno sarebbero tali da innescare meccanismi di fusione nucleare.

Giove si trova oltre la fascia di asteroidi ed è il **quinto pianeta in ordine di distanza dal Sole**. Compie una rivoluzione completa attorno al Sole in 12 anni (la rotazione sul proprio asse avviene in sole 10 ore). **Il suo diametro è 12 volte quello terrestre.**

Riflettendo il 50% della luce solare, **è il pianeta maggiormente visibile dopo Venere.**

Giove e Saturno hanno una composizione simile a quella solare, guarda caso, e sono costituiti principalmente da **idrogeno ed elio, con tracce di metano e ammoniaca.**

Andando negli strati più interni, troviamo **idrogeno allo stato liquido o metallico**, forse con un nucleo roccioso o composto da **nichel e ferro**.
Il nucleo fuso, probabilmente roccioso nel caso di Giove, è all'incirca di 12000 km di diametro.
Le nuvole sono composte da acqua e ammoniaca.

L'atmosfera gioviana è caratterizzata da fenomeni molto turbolenti con venti superficiali che si aggirano attorno ai 300-400 km/h. Questo genera addensamenti a fascia in talune zone con vortici di colore diverso.

Img crediti: NASA/ESA Hubble Space Telescope NASA, ESA, A. Simon (Goddard Space Flight Center), and M.H. Wong (Univ. of California, Berkeley)

La macchia rossa che vedete, ha un diametro di 25000 km per l'asse maggiore e 16000 km per l'asse minore.

Queste turbolenze sono dovute al moto differenziale del pianeta: il nucleo interno è pressoché rigido e la sua massa ruota velocemente senza dispersione, mentre lo strato più esterno, gassoso e più rarefatto, tende ad essere meno rapido e più dispersivo.

Anche Giove possiede un anello (come Saturno), ma molto più sottile e quindi poco visibile.

Giove ha una miriade di satelliti, se ne scoprono ogni giorno (per modo di dire). Siamo forse arrivati a 79 o giù di lì. Comunque, i quattro satelliti galileiani, facilmente osservabili a differenza degli altri, sono: **Io, Europa, Ganimede e Callisto**.

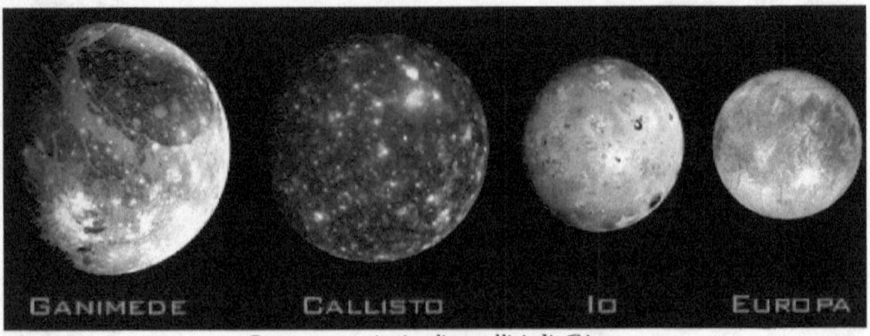

I quattro principali satelliti di Giove

Rosina, ti va di parlarcene?
Ma certo Capitano! Iniziano da Io…

***Io** è l'oggetto con la maggior attività vulcanica del sistema solare, dovuta alle forze di marea generate dall'intensa attrazione gravitazionale generata dal pianeta. Dista da Giove 422.000 km ed è il più interno, con i suoi 3640 km di diametro medio. Come la Luna ha un moto di rotazione sincrono (rivolge al pianeta sempre la stessa faccia) in quanto il periodo di rotazione attorno al proprio asse e di rivoluzione attorno a Giove sono uguali. L'atmosfera è composta da anidride solforosa.*

Il satellite Io, ritratto dalla sonda Galileo, da Wikipedia

Andando in ordine di distanza da Giove (670 000 km), poi viene **Europa** *(3100 km di diametro medio), che ha una superficie liscia e striature molto lunghe dovute ad attività sismica ed è ricoperta di ghiaccio.*

Un gruppo di ricerca internazionale, guidato dal Goddard Space Flight Center della NASA a Greenbelt, nel Maryland, ha rilevato vapore acqueo proprio sopra la superficie del satellite. Il gruppo ha raggiunto questo risultato grazie a uno dei più potenti telescopi al mondo che si trova alle Hawaii.

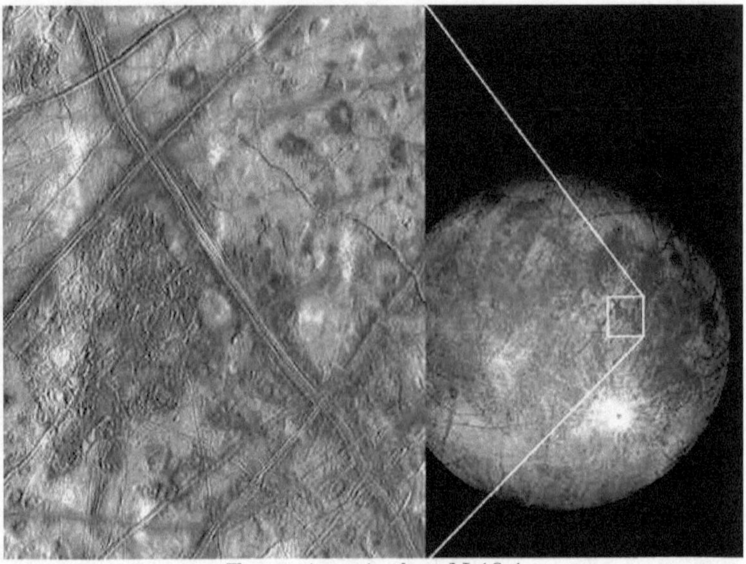

Europa, immagine fonte: NASA

Callisto *si trova a 880.000 km di distanza da Giove e ha 4800 km di diametro. È il più lontano fra i satelliti maggiori e come Europa ha un moto di rotazione sincrono; la superficie è ghiacciata e craterizzata.*

Immagine artistica di una possibile base su Callisto, da Wikipedia

Infine, ***Ganimede*** *(5200 km) è il più grande (una volta e mezzo la Luna e un pelo più grande di Mercurio).*

Ganimede, il satellite di Giove più grande, da Wikipedia

Si trova a 1.070.000 km da Giove e rivolve in 7 giorni. Non ha atmosfera, presenta crateri da impatto, e appare molto luminoso.

Bravissima Rosina e Grazie!

2.3.1. Saturno, il signore degli anelli

Saturno compie una rivoluzione completa in 29,5 e dista dal sole mediamente 1.429.400.000 km.
È dieci volte più grande della Terra e il **secondo pianeta del sistema solare per dimensioni dopo Giove**.

Questo pianeta sembra essere schiacciato sui Poli (il diametro equatoriale e quello polare differiscono solo dell'11%; questo è dovuto al fatto che ha una velocità di rotazione attorno al proprio asse elevatissima).

Rosina: Guardate, come siamo fortunati! Siamo arrivati al momento giusto con una bellissima aurora boreale in atto!

Che romantica la nostra Rosina ☺

Sai, Rosina, anche su Giove esiste questo fenomeno come sulla Terra, trattandosi di pianeti dotati di un ragguardevole **magnetismo.**

Come Giove, saturno ha un **nucleo metallico** e la coltre di nubi sovrastante è particolarmente turbolenta.

Quello che più ci intriga di Saturno sono i suoi anelli. Come disse qualcuno sul web: "*Saturno era così bello che Dio decise di donargli un anello come pegno d'amore*".

Ma da cosa sono costituiti questi famosi anelli di Saturno?

Ebbene, si tratta di un insieme di detriti di polveri, gas, e frammenti rocciosi intervallati fra di loro.

Che sia materiale derivante dal disfacimento di diversi satelliti a causa dell'intensa attrazione gravitazione o residuo di formazione del pianeta, poco importa.

Fra i numerosi satelliti naturali di Saturno annoveriamo **Titano, Encelado** e **Giapeto.**

2.3.2. Titano e i suoi mari

Titano è il satellite più grande di Saturno, secondo per dimensioni in tutto il Sistema solare solo a Ganimede, satellite di Giove. In orbita sincrona, Titano rivolve attorno al Sole e ruota sul proprio asse in 16 giorni.

La sua superficie è liscia e prevalentemente ghiacciata, tuttavia caratterizzata dalla **presenza di laghi e fiumi di idrocarburi**, come il **Mar Ligeia**, rappresentato nella foto da **Cassini**, costituito principalmente da **metano allo stato liquido**.

Il mare Ligeia di Titano, da Wikipedia

Nel capitolo sull'esplorazione spaziale parleremo della **missione Cassini** andando più nel dettaglio per quanto concerne sia Saturno che Titano.

2.3.3. Encelado e i suoi geyser

Encelado è un satellite piuttosto piccolo, essendo il suo diametro pari solo al 14% di quello della nostra Luna.

Tuttavia, Encelado è uno degli oggetti più interessanti del Sistema Solare, a causa di una sua particolarità: la presenza di **gayser in superficie.**

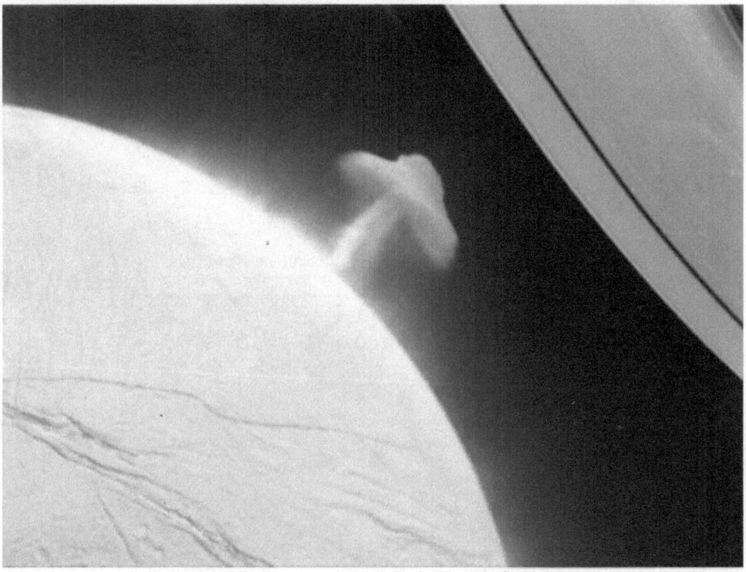

Un enorme "sbuffo" di Encelado

Nel 2005, durante la sua missione, fu la **sonda Cassini** a scoprire che **Encelado "sbuffa"**, ossia emette potentissimi gayser dalla propria superficie.

Encelado è anche dotato di una sottile **atmosfera**, probabilmente composta da **vapore acqueo ionizzato**.

Nel 2006, la NASA ha confermato l'osservazione di sbuffi di vapor d'acqua dalla superficie del satellite: si tratta della prima osservazione certa di acqua non ghiacciata al di fuori della Terra.

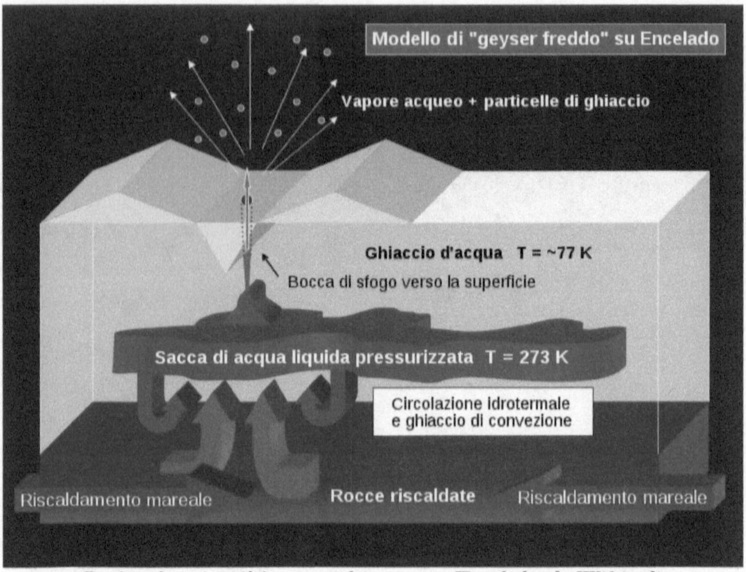

Grafico che spiega il fenomeno dei geyser su Encelado, da Wikipedia

Secondo gli scienziati, sotto la superficie ghiacciata di Encelado, si potrebbe celare un oceano di acqua liquida e questo potrebbe presupporre anche la presenza di forme di vita.

La composizione dei pennacchi, infatti, suggerisce che la loro origine sia un **oceano salato** sotto la superficie, o comunque una serie di cavità contenenti acqua salata.

Una rappresentazione artistica della superficie di Encelado, da Wikipedia

Dunque, **su Encelado ci sono tutti gli ingredienti per la vita**, anche se fa molto freddo. Tuttavia, sappiamo che sulla Terra, numerose forme di vita proliferano anche in ambienti estremi, per cui non possiamo escludere che sotto la superficie ghiacciata di Encelado, nelle sue acque, possano essersi formati esseri viventi.

2.3.4. Il misterioso Giapeto

Giapeto, per dimensioni, è il terzo satellite naturale di Saturno. Te lo segnalo per due motivi particolari che mi hanno incuriosito: **la sua cresta e il fatto che è bicromatico.**

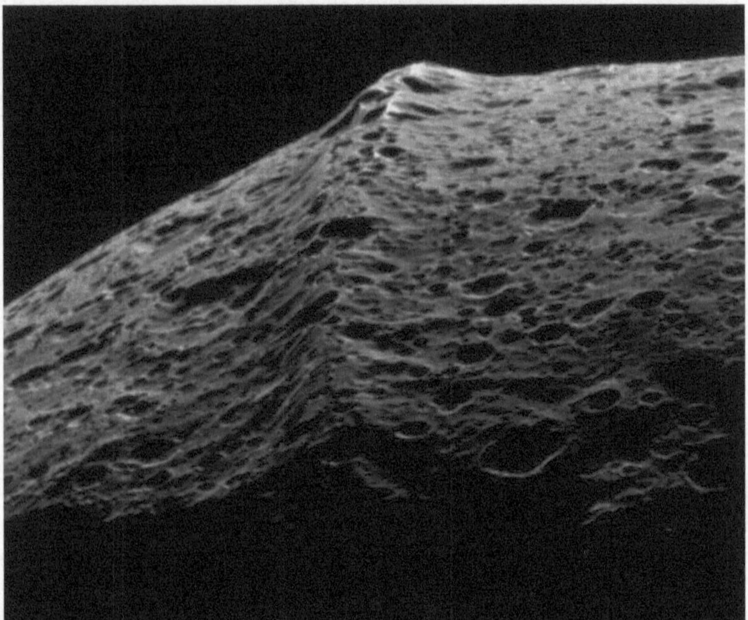

La strana cresta di Giapeto

La cresta di Giapeto è larga circa 20 km, alta 13 e lunga ben 1300 km.

Alcuni picchi della cresta raggiungono anche i 20 km di altezza e ciò la rende tra le più grandi montagne di tutto il sistema solare.

La seconda curiosità, invece, riguarda l'insolita **doppia colorazione del satellite**, quasi fosse un gelato bi-gusto.

Dunque, **un emisfero di Giapeto è scuro, l'altro è chiaro.** Pare che la parte scura sia dovuta agli effetti del vulcanesimo ma secondo altre teorie, potrebbe essere stata generata dall'impatto con altri corpi.

2.4. Urano e Nettuno, i pianeti di ghiaccio

Rispetto a Giove e Saturno, Urano e Nettuno contengono più acqua ghiacciata; per questo sono stati definiti i **giganti di ghiaccio**.

Rosetta: Vediamoli subito, sono curiosa!

Urano, immagine fonte: Ripleybelieves

Urano impiega 84 anni per rivolvere attorno al Sole e ruota su se stesso in 17 ore e 24 minuti. **Possiede un'atmosfera di colore verde-azzurro** dovuta all'assorbimento della radiazione rossa da parte del metano, di cui è molto ricco così come Nettuno.

Ha circa 25 satelliti (che arrivano fino a 1500 km di diametro), tra cui **Oberon, Titania, Umbriel, Ariel e Miranda**.

Urano ha una particolarità: rotola mentre orbita, tipo una palla.

In passato, si riteneva che ad alta pressione il metano potesse dissociarsi liberando carbonio che cristallizzandosi da origine al diamante. Ma, ahimè, **Urano e Nettuno non sono fatti di diamanti!** In profondità, però, celano **idrogeno metallico.**

Nettuno è poco visibile, data la distanza di 2870 milioni di km, e come Urano **possiede un anello** (serie di fasce sottili e distanziate).

Nettuno e Tritone, immagine: fonte NASA

Anche Nettuno, come Urano, è caratterizzato da **enormi cicloni sulla superficie** e venti che raggiungono i 600 km/h.

Data l'inclinazione dell'asse di rotazione, come sulla Terra, su Nettuno vi è un'alternanza di stagioni anche se **le temperature complessive sono bassissime causa la distanza dal Sole.**

Nettuno ha 14 satelliti, di cui il più noto è **Tritone**, che è la seconda luna del Sistema Solare a possedere un'atmosfera significativa, composta principalmente di azoto, con piccole quantità di metano e monossido di carbonio.

Nel 1989 la sonda Voyager 2 osservò quelle che sembravano essere nuvole e foschie in questa sottile atmosfera.

Tritone è uno dei corpi più freddi del Sistema Solare, con una temperatura superficiale -235,2 °.

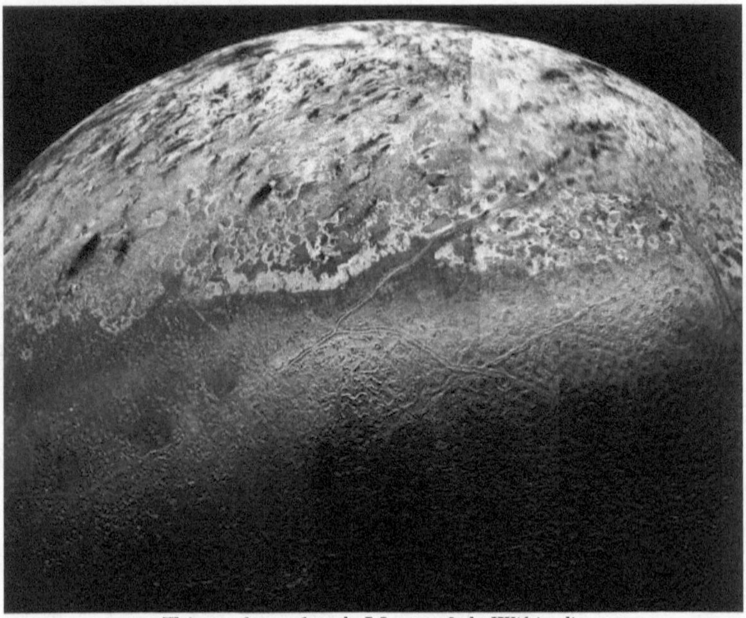

Tritone, fotografato da Voyager 2,da Wikipedia

Rosina: Tritone emette ***geyser potentissimi,*** *con pennacchi che raggiungono altezze enormi, anche di 8 km!*
Inoltre, sotto la superfici di Tritone potrebbe esservi uno strato d'acqua liquida, che formerebbe una sorta di vero e proprio ***oceano sotterraneo.***

Mica male questo Tritone, cara Rosina!

2.5. Ai confini del sistema solare: la nube di Oort

La **nube di Oort** è una sorta di guscio sferico, compreso fra 30.000 e 100.000 UA, ai confini del sistema solare. Essa contiene numerosi oggetti che successivamente prendono il nome di "**comete**".

A causa dell'intensa agitazione di natura gravitazionale, **questi oggetti possono venire attratti dal campo gravitazionale del Sole, finendo per entrare in orbita nel nostro sistema planetario.**

Proprio quando si avvicinano al Sole, il ghiaccio di cui sono composte si scioglie, dando vita alla tipica coda delle "stelle cadenti".

È materiale residuale derivante dal disco protoplanetario.
Le comete sono oggetti sporadici che possono passare nelle vicinanze del nostro pianeta: la più famosa è la **cometa di Halley**, che ha un periodo di 75 anni.

La cometa di Halley in una foto del 1910, da Wikimedia

A proposito, Rosina, per non fare confusione, ci spieghi la differenza tra **Comete, Asteroidi, Meteore** e **Meteoriti**?

Rosina: Subito, Capitano! Vediamo in proposito come li definisce la NASA…

. ***Cometa:*** *come gli asteroidi, le comete orbitano attorno al Sole. Tuttavia, piuttosto che essere composte per lo più di roccia, esse contengono principalmente* ***ghiaccio e gas****, grazie ai quali, scaldandosi man mano si avvicinano al Sole, formano le loro tipiche lunghissime* ***code****, da cui la popolare e scientificamente impropria definizione di "****stelle cadenti****".*

. ***Asteroide:*** *è un piccolo* ***corpo roccioso*** *che orbita intorno al sole. La maggior parte di essi, si trovano nella cosiddetta* ***fascia degli asteroidi*** *(tra Marte e Giove) ma non sono pochi quelli che attraversano il sistema solare interno, alcuni con traiettorie che si avvicinano molto all'orbita della Terra. Guai se un grosso asteroide andasse in collisione con il nostro pianeta (tocca ferro!).*

. ***Meteoroide:*** *se due asteroidi entrano in collisione, frantumandosi, i loro frammenti vengono chiamati meteoroidi. Quindi, potremmo dire che i meteoridi sono i figli degli asteroidi!*

. ***Meteora:*** *se un meteoroide entra nell'atmosfera terrestre, si vaporizza e diventa una meteora. Dalla Terra, appare come una striscia luminosa nel cielo: è la* ***roccia sta bruciando*** *e il suo colore dipende dalla materia da cui è composta.*

. ***Meteorite:*** *se un meteoroide non evapora completamente nell'atmosfera e riesce, così, a colpire la terra, viene definito meteorite.*

Hai capito che bel casotto? Wow direi!

2.6. Gli oggetti "vagabondi"

Dunque, come ci ha appena spiegato Rosina, ricapitolando, per non fare confusione:

. **Le comete sono fatte di ghiaccio e gas** e durante il loro viaggio, sciogliendosi producono una lunga coda. Abbiamo anche visto che, secondo alcune teorie, proprio le comete potrebbero aver portato l'acqua sulla terra.

. Gli **asteroidi**, invece, sono **corpi rocciosi**, pertanto noi terrestri ne temiamo tanto l'impatto. Pare, infatti, che proprio a causa della caduta sulla Terra di un grosso asteroide, si estinsero i Dinosauri. Ma questa è solo una teoria.

Quindi, ricordiamo:
COMETA = GHIACCIO;
ASTEROIDE = ROCCIA.

Ok, poi se due asteroidi impattano tra loro, i frammenti di chiamano **meteoridi**, con la "d" di Drone.

Se questi meteoridi cadono sulla terra prendono il nome di **meteoriti** con la "t" di Terra.

Infine, quando un meteoride si brucia all'impatto con l'atmosfera terrestre, prende il nome di **meteora**. Giusto, Rosina?

Giustissimo Capitano!

Grazie!

Come già accennato, nel Sistema Solare, esiste una fascia principale di asteroidi che si trova fra Marte e Giove.

Si tratta di oggetti composti per lo più da **silicati e carbonati**, con forma irregolare e craterizzati, di varie dimensioni.

Presumibilmente, essi si sono creati quando Marte e Giove si stavano ancora formando.

Ovviamente, non possiamo entrare con la nostra *Tellus* in certe zone, ci verrebbe il mal di mare e finiremmo ricoperti di bozzi.

Curiosità: Se ipotizzassimo di compattare questa massa quasi a formare un unico pianeta, salterebbe fuori qualcosa 2500 volte più piccolo della Terra.

Poi, come già accennato, nel Sistema Solare esiste poi un'altra fascia di asteroidi (che contiene anche altri oggetti) denominata **fascia di Kuiper**, situata oltre l'orbita di Nettuno, quindi piuttosto in "periferia".

I pianeti nani Plutone, la sua luna Caronte, Quaoar, Eris, Haumea e Makemake si trovano all'interno di questa.

A volte questi oggetti "vagabondi", viaggiano in gruppo, prendendo così l'appellativo di **Sciame Meteoritico**.
Famoso è lo sciame meteorico delle **Perseidi** (**le stelle cadenti di San Lorenzo**, associate alla cometa Swift-Tuttle).

Vi sono diversi sciami meteorici durante l'anno, alcuni anche più abbondanti, e questi sono visibili in cielo per diversi giorni. NON per un giorno solo, il 10 agosto ,come erroneamente si crede.

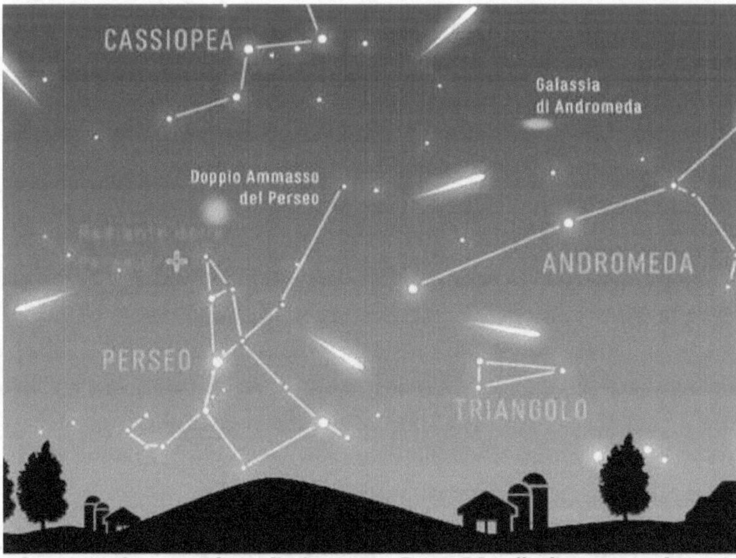

Immagine: fonte quotidiano d'informazione Prima Vercelli; direzione nord-est. A fianco a Cassiopea, c'è la stella Polare che in questa immagine non compare.

Per identificare uno sciame meteorico, esso viene associato ad una determinata costellazione, in genere identificata come quella da cui si pensi che lo sciame provenga.

2.7. Esistono forme di vita extraterrestri?

Con **zona (o fascia) abitabile** si intende una regione antistante una stella nella quale vi sono dei pianeti che possono mantenere acqua liquida sulla loro superficie.
Si ritiene che se un pianeta appartenga ad una fascia abitabile, esso potenzialmente potrebbe ospitare forme di vita.
Questa fascia abitabile, infatti, si trova ad una distanza tale dalla propria stella, che il suo clima non è né troppo caldo per cui l'acqua evaporerebbe, né troppo freddo per cui l'acqua ghiaccerebbe. Pertanto, un pianeta in fascia abitabile, come la Terra, ha un clima ideale per lo sviluppo della vita.
Se un pianeta oggi si colloca in fascia abitabile, non significa che lo sia da sempre o lo sarà per sempre, perché, come abbiamo visto, anche le stelle cambiano e così cambiano anche le condizioni delle fasce di pianeti circostanti.
In poche parole, se un pianeta si trova troppo vicino alla propria stella, come Mercurio, sarà inabitabile perché privo di acqua e atmosfera a causa dell'elevatissima temperatura.
Se un pianeta è, invece, troppo lontano dalla sua stella, è altrettanto inabitabile in quanto troppo freddo e quindi, ghiacciato come i nostri Urano e Nettuno.

Quindi, un primo criterio di abitabilità è la distanza dalla stella, che determinerà il calore del pianeta e, quindi, la presenza o meno su di esso dell'acqua allo stato liquido.

Attenzione, tale distanza è relativa e dipende dalle caratteristiche della stella in esame. Se parliamo di una nana bianca, infatti, ossia un stella piccola e poco energetica, allora la fascia abitabile sarà anche molto prossima alla stella stessa.
Se, invece, parliamo di una gigante rossa che è una stella molto potente ed energetica, allora la fascia abitabile si collocherà ad una distanza ben superiore. Nel caso del Sole, inve-

ce, che è una stella medio-piccola, la sua fascia abitabile si colloca in pieno dove si trova la Terra, che ha infatti tutte le caratteristiche giuste per la vita.

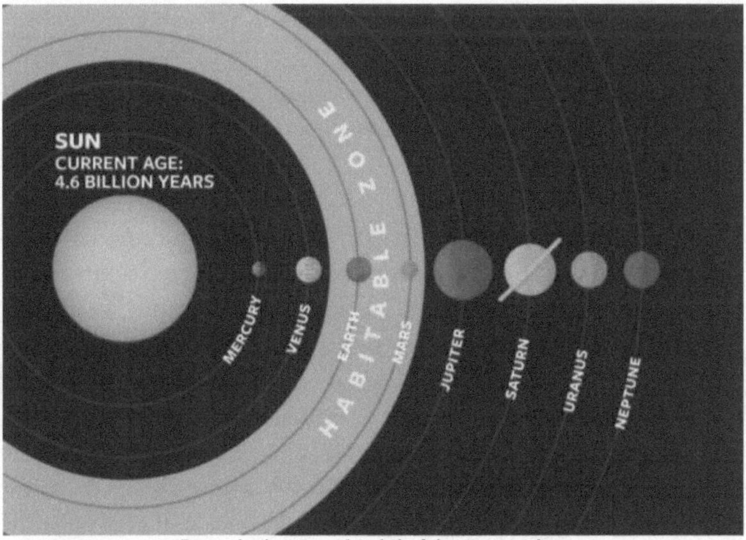

In verde, la zona abitabile del sistema solare

Il concetto di zona abitabile è molto importante in Astronomia, per valutare se un esopianeta, ossia un pianeta non appartenente al sistema solare, possa ospitare o meno la vita.

Ma è giusto specificare che il discorso è un filino più articolato, in quanto il fatto che un pianeta di collochi all'interno di una zona abitabile, non ci assicura al fatto che su di esso si sviluppi la vita. Tipico esempio è quello di Terra e Marte, appartenenti ad una stessa zona abitabile ma caratterizzati da condizioni estremamente diverse: favorevoli alla vita sulla Terra, per niente (o quasi) favorevoli su Marte.

Infatti, è anche e soprattutto una questione biochimica, in quanto la vita, come la conosciamo noi, ad esempio, ha bisogno del **carbonio**. Quando si parla di vita terrestre, infatti, si parla di **chimica del carbonio**, vale a dire di una chimica dove il carbonio funge il ruolo di attore principale perché, grazie alle sue caratteristiche, crea lo scheletro delle strutture molecolari tipiche della vita.

Abbiamo, inoltre, bisogno di ossigeno, oltre a una serie di altre sostanze organiche. Oltre all'acqua, principale solvente, necessario alla vita.

Quindi, **quando cerchiamo la vita nello spazio, dobbiamo valutare diversi fattori**. Poi ci sono anche una serie di indizi a corollario di questa indagine. Ad esempio, se rileviamo che nell'atmosfera di un pianeta ci sono tracce di **metano**, questo potrebbe darci indizio della presenza di vita. La molecola del metano, infatti, è considerata dai ricercatori la più semplice "spia" di potenziale vita. La vita, infatti, consuma ossigeno e produce **metano** ed **anidride carbonica**, per cui trovare anche questi ultimi due gas nell'atmosfera di un esopianeta può rappresentare un ulteriore indizio per la presenza della vita su di esso.

Curiosità: Nel 1964 **Nikolai Kardashev**, astronomo sovietico oltre che ricercatore del SETI (*Search for Extra-terrestrial Intelligence*, organo privato statunitense che si occupa, per l'appunto, della ricerca di segnali di vita intelligente extraterrestre, sotto forma di messaggi artificiali inviati dallo Spazio profondo) propose un **metodo per la classificazione delle specie extraterrestri in base al loro livello di sviluppo tecnologico**.

Ne scaturì una scala, che porta il suo nome, basandosi sull'energia che ciascuna specie sarebbe stata teoricamente in grado di produrre.

Questa "**scala delle civiltà**" è così articolata da **Kardashev**:

1. Primo tipo o civiltà planetarie
Un popolo che è stato in grado di sviluppare la tecnologia necessaria per immagazzinare tutta l'energia fruibile dal proprio pianeta equivalente a una potenza di circa 4×1019 erg/secondo, ricavata da fusione nucleare, antimateria e rinnovabili.

2. Secondo tipo o civiltà stellari
Questi vanno oltre: si servono di tutta l'energia emessa dalla propria stella!

3. Terzo tipo o civiltà galattiche
Queste sono in grado di sfruttare l'energia di *un'intera galassia.*

Dal momento che il nostro Universo esiste da circa 14 miliardi di anni, mentre il nostro Sistema solare è nato soltanto 4 miliardi e mezzo di anni fa, per farla breve, **secondo Kardashev è ragionevole supporre che almeno qualche civiltà extraterrestre possa aver raggiunto il terzo stadio**.

Allora, come è possibile che non siamo ancora entrati in contatto con almeno una di queste?
Li stiamo cercando nel modo giusto?
Come li cerchiamo?

Prima di tutto si guarda il cielo, con l'ausilio di radiotelescopi, per esempio (il SETI, in particolare, utilizza l'**Allen Telescope Array,** un insieme di antenne, e altri due telescopi, uno in West Virginia e l'altro in Australia). Naturalmente, si prova anche a cercare altri tipi di segnali, oltre alle onde radio (luce pulsata).

Inoltre, e quindi ritorniamo a bomba all'assunto iniziale, si cercano luoghi potenzialmente abitabili, ovvero dei pianeti simili alla Terra, vicini a stelle simili al Sole e che si trovino in sistemi simili al Sistema Solare.

Si utilizza un telescopio (collocato sulla Terra o nello Spazio) che puntato verso una stella, osservi eventuali cambiamenti nella luminosità che indicherebbero il transito di un pianeta (ricordi il **Metodo del Transito** già accennato?).
Grazie a questo tipo di tecnica sono stati identificati diversi **esopianeti** (detti extrasolari) potenzialmente simili alla Terra (ad esempio nella zona di **Proxima Centauri**).

Occorre sempre parlare al condizionale. Queste "Terre" potrebbero ospitare la vita (valutando le dimensioni si può prevedere se si tratta di un pianeta roccioso o meno), ma non dimentichiamo che anche Venere è simile alla Terra ed è tutt'altro che abitabile. Secondo uno studio, è emerso che Venere si trova al limite interno della zona abitabile ottimistica, poiché è possibile che ne fosse all'interno proprio quando il Sole era meno luminoso. Tuttavia, ad oggi, è un luogo infernale.

Al momento non possiamo sapere con esattezza come vadano le cose sugli **esopianeti potenzialmente abitabili**, perché certe distanze spaziali sono tuttora impossibili per i mezzi tecnologici attualmente a nostra disposizione. Se ci pensi, infondo, abbiamo messo giusto piede sulla Luna e ci siano fatti un po' di giretti con le sonde nel nostro sistema solare. Sarebbe bello possedere i mezzi di Star Trek per fare viaggi intergalattici e andare a verificare di persona, in giro per la nostra galassia, se ci sono altre forme di vita. Ma per quanto l'Astronomia e l'esplorazione spaziale stiano facendo passi da gigante, siamo ancora agli albori della conquista Sello spazio. Tuttavia, non dobbiamo scoraggiarci e dobbiamo essere

fiduciosi, perché, se ci pensi, in solo un secolo, la nostra tecnica, le scienze e la tecnologia, hanno fatto (e continueranno a fare) scoperte e invenzioni incredibili mirabolanti!
Del resto, le cose si fanno un passettino alla volta, così sfruttando la Luna e poi Marte come basi spaziali, potremmo aumentare sempre di più e progressivamente il nostro raggio d'azione.

Ma secondo te, esistono nello Spazio altre forme di vita?

Pensiamo per un attimo alla peggiore delle ipotesi: non c'è nessuno!
Qualcuno sostiene che se ci fossero forme di vita intelligenti e civiltà super avanzate le avremmo già incontrate, ne avremmo traccia o memoria storica. Che ipotesi deprimente!

La teoria a seguire è un po' stravagante, invece.

L'ipotesi del planetario.
2001, Stephen Baxter afferma che una super civiltà del terzo tipo stia manipolando le nostre osservazioni astronomiche; in altre parole, siamo all'interno di un'illusione ottica rinchiusi in un planetario gigante. Ologramma, realtà virtuale, simulazione, Matrix! La teoria dell'universo olografico.

Altro volo pindarico: **Alieni in sospensione criogenica**.
Anders Sandberg e Stuart Armstrong, neuroscienziati ed esperti di intelligenza artificiale dell'Università di Oxford, e Milan Ćirković, dello Astronomical Observatory di Belgrado, ipotizzano che non li abbiamo ancora incontrati perché questi ultimi, dopo aver raggiunto un grado di civilizzazione tale da permettere loro di esplorare una porzione considerevole dell'Universo, avrebbero scelto di ibernarsi in attesa di tempi migliori. Dunque, le cose sarebbero andate così: questi alieni

sono così evoluti da riuscire a fondere i propri componenti biologici con componenti elettronici sempre più potenti e sviluppati, e avrebbero deliberatamente deciso di ibernarsi per risparmiare l'energia necessaria ad alimentarsi. Possibile? Boh.

First in, last out.
Chiudiamo con l'ipotesi più recente di **Alexander Berezin**, fisico teorico del *National Research University of Electronic Technology* (Miet). Egli afferma che non è importante quanto la vita extraterrestre sia evoluta: potrebbe esistere sotto forma di organismi biologici come noi, o come intelligenze artificiali, o altro ancora... L'unico parametro che conta è la probabilità che tali forme di vita siano rilevabili entro una certa distanza da noi. Questo perché, secondo Berezin, la prima civiltà in grado di compiere viaggi interstellari, distruggerebbe tutte le altre, per non avere eventuali intralci alla propria espansione.

Ci sarebbero anche altre ipotesi, ma non fanno che avvalorare una tesi: non siamo in grado di rispondere a questa domanda in maniera compiuta, parlando sempre di forme di vita intelligente.

2.8. Un asteroide potrebbe ucciderci?

Si ipotizza che l'asteroide responsabile dell'estinzione dei dinosauri fosse ampio 11-12 km circa: l'impatto, avvenuto in una zona ricca di rocce sedimentarie, sollevò una colonna di polveri che, ricaduta sulla Terra, incendiò le foreste; le polveri in atmosfera fecero poi precipitare le temperature. I dinosauri che non morirono per le fiamme perirono per mancanza di cibo.

Qualora un meteorite di 1,6 km di diametro costringesse nella stratosfera una quantità di polveri sufficiente a bloccare la luce del Sole... fine dei giochi lor signori.

Un evento decisamente remoto: l'impatto di un asteroide sulla Terra

Sì, potrebbe accadere, ma non è un evento così semplice da prevedere. Tutto dipende dalle dimensioni e se... il malcapitato dovesse sfuggire alla gravità di Giove.

E se il meteorite precipitasse in mare? L'impatto provocherebbe onde alte centinaia di metri e tsunami. Senza poi considerare il fatto che il vapore acqueo sollevato, causerebbe un'alterazione del clima globale per diversi mesi.

Noi, però, abbiamo un asso nella manica, vero Rosina?

Sì Capitano! È Giove, che è stato addirittura da alcuni definito come una sorta di "spazzino" o anche "aspirapolvere" del Sistema Solare. Questo perché, grazie alla sua notevole massa e alla sua relativa forza gravitazionale, attira la maggior parte degli oggetti vaganti nelle sue vicinanze e questo ci protegge da molti eventuali pericoli, come farebbe una sorta di fratello maggiore per proteggere i fratellini più piccoli dai vari bulli. Giove, quindi, come una sorta di sceriffo del sistema solare, cattura tantissimi asteroidi e comete, rei di vagabondaggio spaziale! Per questo, Giove risulta essere il pianeta con la maggior frequenza d'impatti, dell'intero Sistema Solare. Quindi,da terrestri, possiamo senz'altro dire ***GRAZIE GIOVE!***

I segreti svelati in questo capitolo

. Se abitassimo sulla Luna non vedremmo mai la Terra sorgere.

. La Luna ci mostra sempre una sola faccia perché si trova in rotazione sincrona con il nostro pianeta attorno al Sole.

. Definizione di congiunzione e opposizione di un oggetto celeste.

. La Luna esercita una forza di attrazione più che doppia rispetto a quella del Sole perché, pur essendo più piccola, è più vicina alla Terra; ecco perché si verificano le maree.

. Il giorno solare di Marte (detto il Sol) è di durata simile a quello terrestre.

. La faccia di Marte è un avvallamento che a causa di un fenomeno denominato "pareidolìa" sembra un volto umano.

. In passato si credeva che Marte fosse abitato data la scarsa risoluzione dei mezzi osservativi.

. Mercurio riveste un primato particolare: l'escursione termica sul pianeta è la più ampia di tutto il sistema solare.

. Venere è in realtà un pianeta infernale a causa delle altissime temperature e delle sostanze ivi presenti, che sono nocive e mortali per l'uomo.

. Se vedete un oggetto luminoso all'imbrunire e al crepuscolo, si tratta probabilmente di Venere.

. Sui pianeti Giove, Saturno, Urano e Nettuno non si può atterrare perché sono gassosi.

. Oltre a Saturno, tutti gli altri pianeti gassosi del nostro sistema hanno anelli (chiaramente molto meno evidenti).

. Se ipotizzassimo di compattare la fascia degli asteroidi quasi a formare un unico pianeta, salterebbe fuori qualcosa 2500 volte più piccolo della Terra.

. Vi sono diversi sciami meteorici durante l'anno, (non solo le stelle di San Lorenzo), alcuni anche molto abbondanti; sono visibili in cielo per diversi giorni.

. Secondo uno studio, è emerso che Venere si trova al limite interno della zona abitabile ottimistica, poiché è possibile che ne fosse all'interno quando il Sole era meno luminoso di oggi. Tuttavia, come sappiamo, oggi è un luogo infernale.

. Qualora un meteorite di 1,6 km di diametro ci raggiungesse, la razza umana correrebbe rischio di estinguersi.

. Giove è lo spazzino del Sistema Solare!

3. COME È NATO L'UNIVERSO?

3.1. Il più grande spettacolo dopo il Big Bang

Il titolo di una canzone di Jovanotti, un inno all'amore. Un termine davvero azzeccato per descrivere l'Universo! Un intero paragrafo dedicato a uno "spettacolo", ovvero, a un qualcosa che colpisce in quanto manifestazione di bellezza inaudita. Spettacolo deriva dal latino *spectacŭlum*, derivato di *spectare* vale a dire "guardare" e si riferisce alla rappresentazione di opere artistiche di diverso genere (teatro, lirica, cinema, arte varia) che presume, quindi, la presenza di un pubblico. Ebbene, siamo noi in questo caso il pubblico di osservatori che assiste alla messa in scena. Il problema è che comprendiamo pochissimo di quanto viene rappresentato, come se gli attori a volte parlassero in una lingua a noi ignota e, non solo, talvolta, a un certo punto sul palco compare addirittura del fumo impedendoci anche di vedere ciò che accade! Non sappiamo, infatti, con certezza cosa sia avvenuto quando è nato l'Universo.

Rosina: Capitano, è un po' come quando ammiriamo la bellezza delle opere d'arte in un museo, senza avere una guida e saperne più di tanto. Che bello questo **parallelismo tra Astronomia e Arte**! *In effetti, la contemplazione del Cosmo provoca in ognuno di noi una sorta di* **Sindrome di Stendhal**, *ossia un sublime senso di estasi e smarrimento.*

Esatto Rosina! Infatti, credo che le immagini catturate dal **telescopio Hubble** siano tra le migliori espressioni artistiche di sempre.

Fra voi c'è qualcuno che ha visto la serie tv *Fringe*? Si trattava di un guazzabuglio intricato di scienza, fantascienza, mistero e paranormale. Magnifica! Al di là delle opinioni personali (e se anche non l'avete seguita non è di certo un problema), ricordo una puntata dove i nostri discendenti del futuro (super tecnologici) portano il protagonista all'interno di una struttura che potrei quasi definire con il termine "stanza dei bottoni", quel luogo ipotetico e misterioso dove sono custoditi i "comandi" dell'Universo.

Attenzione! Non voglio abbandonare la dissertazione scientifica, ma ogni tanto è bello volare con la fantasia. Costoro mostrano a *Peter Bishop* (questo era il nome di uno dei personaggi) come è nato l'Universo, facendogli vedere di fatto un'enorme **esplosione cosmica** senza dare alcuna spiegazione del fenomeno, ma limitandosi a dire "lo rivedrei mille volte...".

Ecco... debbo dedurre che "*Settembre*" (ognuno di loro aveva il nome di un mese dell'anno...) stesse mostrando a Peter il fenomeno dell'**inflazione cosmica**.

Più avanti parleremo delle varie teorie proposte sulla **formazione dell'Universo**, ora voglio solo darti un assaggio ma ti chiedo la massima attenzione e concentrazione, perché l'asticella della difficoltà si alza un pochino.

3.1.1. La Teoria dell'Inflazione Cosmica

L'Inflazione Cosmica descrive il neonato universo che comincia a crescere, vale a dire, la **fase primordiale di espansione accelerata dell'Universo**. La teoria venne formulata nel 1981 dal fisico statunitense **A. H. Guth**.

Si tratterebbe di un periodo tanto breve quanto decisivo, iniziato 10-35 secondi dopo il Big Bang e **durato intorno ai 10-30 secondi appena!** Secondo Guth, tale fenomeno sarebbe stato in grado di moltiplicare il fattore di scala cosmico, vale a dire la distanza che separa due qualsiasi punti (galassie), di 1030 volte, provocando, così, un contemporaneo **raffreddamento della materia primordiale**, dando origine ad uno **spazio tridimensionale più "appiattito"**, fino a valori compatibili con le osservazioni attuali. Questa teoria spiegherebbe il fatto che la temperatura dell'universo è pressoché costante in ogni suo punto.

Friedmann (1888-1925) pervenne alla conclusione che l'Universo ebbe inizio 10-20 miliardi di anni fa in condizioni di pressione, densità e temperatura teoricamente infinite, condizione nota come **singolarità iniziale.**

Ad una **prima caldissima fase**, in cui la **radiazione** era la componente dominante dell'Universo (durata circa 105 anni), è seguita l'attuale lunga **epoca dominata dalla materia**; residuo odierno della prima fase è la **radiazione di fondo cosmico a 2,7 K,** proveniente in maniera isotropa da tutte le direzioni del cielo.

Questa distanza costituisce il nostro orizzonte osservabile, cioè la massima profondità che un rivelatore di onde **elet-**

tromagnetiche, sia esso un telescopio o un'antenna radio, possa scrutare.

Al termine di questa fase accelerata il campo di materia che guida l'inflazione, deve poi liberare l'energia necessaria a riscaldarsi, fino a temperature maggiori di 1023 K; da questo momento in avanti l'evoluzione cosmica torna ad essere descritta da un modello standard, avviandosi così la successiva storia termica dell'Universo che ha riscontrato eccezionali conferme osservative.

Inflatone è l'ipotetico **campo scalare primordiale**, relativo all'espansione descritta dalla **teoria dell'Inflazione cosmica**.

La materia oscura e l'energia oscura potrebbero aver guidato l'inflazione cosmica.
Sto facendo riferimento ad un'ipotesi proveniente da un nuovo modello, proposto da fisici dell'**Università di Varsavia** (vedi bibliografia), in grado di delineare una cronologia precisa degli eventi principali accaduti nei primi istanti della storia del nostro universo, **modello secondo il quale dovrebbe essere possibile rilevare le onde gravitazionali che si sono formate solo una frazione di secondo dopo la creazione dello spazio-tempo.**

Cosa sappiamo dell'evoluzione dell'universo immediatamente dopo il Big Bang?

Nonostante le innumerevoli ricerche condotte nel corso di decenni, **gli attuali modelli cosmologici non sono ancora in grado di delineare una cronologia precisa degli eventi.**

Tuttavia, questo team di ricercatori ha sviluppato un nuovo modello secondo il quale l'espansione esponenziale della materia oscura e dell'energia oscura gioca ruolo essenziale.

Il loro **modello di inflazione oscura** (***dark inflation***) sarebbe in grado di organizzare la storia termica dell'universo nell'ordine cronologico degli eventi occorsi.

La **radiazione cosmica di fondo a microonde** (Cmb, appendice 23) è una **reliquia elettromagnetica** che risale a circa 380 mila anni dopo il big bang ed è sorprendentemente omogenea, anche in regioni così distanti tra loro, al punto che la luce non avrebbe potuto coprire la distanza che le separa nel tempo che ha avuto a disposizione per farlo.

Nel 1979, come detto, **Guth** propose la **Teoria dell'Inflazione**, fornendone una semplice spiegazione: **è un'espansione talmente rapida dello spaziotempo, che ha ingrandito l'universo di un miliardo, di miliardi, di miliardi di volte in una frazione di secondo.**

La Toeria dell'Inflazione proposta da Guth, tuttavia, non è scevra da critiche e da innumerevoli dubbi scientifici.

Secondo **Zygmunt Lalak** dell'Università di Varsavia, ad esempio, il problema fondamentale dell'inflazione sarebbe il fatto che non sappiamo esattamente quando essa sia avvenuta e quali livelli di energia abbia, eventualmente, coinvolto.

Inoltre, l'inflazione viene descritta come un periodo di espansione super raffreddata, tuttavia, affinché i modelli cosmologici siano coerenti, a seguito di essa, l'universo dovrebbe aver subito un riscaldamento a una temperatura molto elevata, e non abbiamo idea di come o quando ciò potrebbe essersi verificato. Pertanto, la storia termica dell'universo deve ancora essere descritta e la teoria dell'inflazione lascia molti spazi ai dubbio.

Ma in fondo, quando parliamo di cosmologia, dobbiamo sempre e comunque sapere che si discute di teorie che, a fronte di nuove scoperte, potrebbero venire spazzate via da un momento all'altro. Valgasi per il Big Bang compreso e per la suddetta Inflazione. Dunque, non affezionarti troppo a nessuna teoria in particolare… ☺

Ma lasciamoci alle spalle ogni forma di "scetticismo cosmico" e andiamo avanti!

Posso ancora dirti, tanto per gradire e lasciarti un filino basito, che **l'ENERGIA OSCURA dovrebbe comprendere fino al 69% di tutta l'energia/materia dell'universo, mentre la MATERIA OSCURA si attesterebbe intorno al 26% e la materia ordinaria, cioè quella che normalmente conosciamo, costituirebbe solo il 5% del cosmo.** Fa strano eh?

La Materia Oscura e la materia ordinaria non interagiscono affatto, o le loro interazioni sono così deboli che stiamo appena iniziando a notare l'impatto gravitazionale della materia oscura sul movimento delle stelle nelle galassie e delle galassie negli ammassi.

L'Energia Oscura, inoltre, dovrebbe essere il fattore responsabile dell'espansione accelerata dell'universo.

<u>Spesso e volentieri, però, escono nuove teorie che smentiscono queste percentuali.</u>

Michal Artymowski, dell'Università di Varsavia, propone un nuovo modello di Inflazione, secondo il quale, la materia oscura e l'energia oscura, che costituirebbero fino al 95% dell'universo, debbano aver recitato un ruolo decisivo anche nella fase immediatamente successiva al Big Bang. Dunque, parla di **Settore Oscuro** (**Dark Sector**) dell'universo, come **responsabile dell'intero processo di inflazione.**
Quindi, energia oscura e materia oscura sarebbero responsabili del tutto, insospettabilmente, come in qualsiasi buon film noir.

Secondo il modello proposto dai fisici teorici di Varsavia, però, **l'inflazione non è permanente e deve avere termine**: **a un certo punto il tasso di espansione dell'universo, la sua espansione dovrebbe, infatti, iniziare a rallentare.**

In corrispondenza di questo nuovo passaggio, **si formerebbero nuove particelle relativistiche**. Alcune di queste particelle sono descritte dal **Modello standard**, mentre altre possono corrispondere a particelle previste da teorie alternative, come ad esempio la **Supersimmetria** (22).

«Nei nostri modelli, le nuove particelle sono il risultato della gravitazione, che è una forza molto debole. Il processo di formazione delle particelle è inefficiente e alla fine dell'inflazione gli inflatoni continuano a dominare l'universo», spiega **Olga Czerwinska**, dell'Università di Varsavia.

Particolarmente interessanti sono le previsioni del modello relativamente **alle Onde Gravitazionali Primordiali.**

Le Onde Gravitazionali sono vibrazioni dello spaziotempo e sono già state rilevate più volte. Fonti di rilevazione sono stati la fusione di una coppia di buchi neri o di stelle di neutroni. **Gli attuali modelli cosmologici prevedono che**

le onde gravitazionali debbano apparire anche come risultato dell'inflazione.

Tuttavia, tutte le prove suggerivano che le vibrazioni dello spaziotempo causate dall'inflazione sarebbero ormai così deboli, che nessun rilevatore esistente o futuro sarebbe stato in grado di rivelarle.

Quando i fisici dell'Università di Varsavia hanno preso in considerazione gli effetti della **zona oscura dell'Universo**, hanno dovuto rivedere queste previsioni.

«Le onde gravitazionali perdono energia come la radiazione, tuttavia, gli inflatoni devono perderla in modo significativamente più veloce: se l'inflazione coinvolge il settore oscuro», aggiunge Artymowski, «l'immissione di onde gravitazionali aumenta proporzionalmente, il che significa che le tracce delle onde gravitazionali primordiali non dovrebbero essere così deboli come inizialmente pensavamo!».

I dati suggeriscono che le **onde gravitazionali primordiali** potrebbero essere rilevate (già nel prossimo decennio) dagli osservatori attualmente in fase di progettazione o in costruzione, come il **Deci-Hertz Interferometer Gravitational Wave Observatory (Decigo)**, il **Laser Interferometer Space Antenna (Lisa)**, lo **European Pulsar Timing Array (Epta)** e lo **Square Kilometer Array (Ska)**.

Per i cosmologi questa sarebbe una scoperta senza precedenti, aprendo la strada alla ricerca di eventi gravitazionali avvenuti immediatamente dopo il big bang, un periodo finora impossibile da studiare.

Il **modello dell'inflazione oscura** ha un altro aspetto affascinante: è altamente dipendente dalla teoria gravitazionale. Confrontando le previsioni del modello con i dati raccolti dagli osservatori gravitazionali, i cosmologi dovrebbero essere in grado di fornire nuove verifiche della teoria della relatività generale di Einstein.

Cosa potrebbe succedere se emergessero discrepanze? Significherebbe che i dati osservativi saranno in grado di fornire le prime informazioni sulle reali proprietà della gravità.

Quindi? Se potessimo spiegare come è nato l'universo, sarebbe fantastico, ma di sicuro l'inflazione è il più grande spettacolo dopo il Big Bang, nonostante il teatro sia ancora per molti versi immerso nella nebbia.

Tutto chiaro, Rosina?

Ehm, Capitano, in realtà, mi stanno un po' fumando le antenne e dai dati di lettura rilevo che il nostro caro lettore, in questo momento, ha le idee un po' confuse e appare quasi in stato confusionale di shock.

Beh, Rosina, vuoi provare a fare un po' ordine?

Ci provo, Capitano! Intanto, caro lettore, prendi un po' di acqua e zucchero, perché ti vedo un po' provato…

Dunque, in questo paragrafo, abbiamo parlato di un po' di teorie relative alla nascita dell'Universo.

Partiamo dal Big Bang.

Il Big Bang è una teoria definita dall'astronomo e sacerdote belga Georges Lemaître, intorno al 1927…

Ehm, scusi Capitano, devo andare un attimo in bagno a cambiare l'olio, può proseguire un attimo Lei?

Ma Certo, cara Rosina. Ah, questi robot… (Lol)

Dunque, Lemaître aveva considerato che l'universo fosse in espansione, quindi, procedendo all'inverso, in senso anticronologico, si può ipotizzare un processo di contrazione fino ad un unico punto, detto **singolarità**, da cui è iniziato il Big Bang.

Questa sua teoria fu colta, inizialmente, con grande scetticismo dalla comunità scientifica, la quale coniò lo stesso nome Big Bang, in senso di scherno. Tuttavia, la teoria del Big Bang trovò sempre più riscontri, fino alla sua definitiva accettazione, in seguito alla scoperta del **1964**, fatta da **Arno Penzias** e **Robert Wilson**, che rilevarono casualmente la **radiazione cosmica di fondo**, ossia l'eco del Big Bang, che ancora oggi risuona nello spazio.

La loro scoperta, così, permise di avere una valida prova a favore dell'ipotesi del Big Bang. Penzias e Wilson ricevettero il **premio Nobel per la fisica nel 1978** grazie a questa scoperta.

Ma chiariamo un paio di cose fondamentali:

1. Il Big Bang non fu un'esplosione ma una dilatazione dello spaziotempo.

2. Il Big Bang non ci descrive la nascita dell'universo ma solo il suo sviluppo.

La teoria del Big Bang lascia, comunque, basiti per alcuni motivi:

Come può tutta la materia dell'attuale universo, essere derivata da un singolo punto? Questo inficia ogni legge della fisica, compresa la Relatività Generale di Einstein.

È questo il motivo per cui, quel punto iniziale viene definito "**singolarità**", come a definire qualcosa che esula ogni attuale legge della fisica.

Tu, Rosina, hai idee migliori a tal proposito?
Rosina: ehm… no Capitano…
Tranquilla, Rosina mia ☺

E tu, caro lettore, che ne pensi della teoria del Big Bang? Ti convince?

Immagino che ora ti starai chiedendo: **se il Big Bang ci descrive lo sviluppo dell'Universo e non la sua creazione, cosa c'era prima del Big Bang?**

Beh, questo non è dato sapersi ma ci sono varie teorie.

Secondo il **Modello Ciclico**, detto anche **Big Bounce** (Grande Rimbalzo), a seguito del Big Bang, l'universo si espanderebbe fino a un certo punto, per poi implodere in un **Big Crunch.**

Questo meccanismo ciclico di espansione-implosione dello spazio, andrebbe avanti all'infinito e da sempre.

Che ne pensi, caro lettore, ti convince?

Comunque, abbandonando questo concetto di ciclicità, resta il problema di fondo: **cosa c'era prima del Big Bang?**

Se ci basiamo sull'assunto che nello spazio non esiste il vuoto in quanto "nulla" ma che comunque lo spaziotempo sia in gran parte **materia oscura** e ammettiamo anche l'esistenza dell'**energia oscura**, per giustificare l'allontanamento delle galassie, in barba alle leggi della gravità, allora possiamo fare due ragionamenti.

Immaginiamo un universo, pre Big Bang, vuoto, ossia senza la materia come la conosciamo ma formato da sola Materia Oscura.

Attenzione: Secondo **la teoria quantistica dei campi, neanche un vuoto ideale, con una pressione misurata zero, è veramente vuoto.** Infatti, **nel vuoto sono presenti fluttuazioni quanto-meccaniche che lo rendono un ribollire di coppie di particelle virtuali che nascono e si annichilano in continuazione.**

Inoltre, secondo il **Principio di Indeterminazione di Heisenberg**, energia e tempo non possono essere misurate con un'accuratezza infinita. Se lo spazio vuoto non avesse alcuna forma di energia, una particella potrebbe avere velocità ed energia entrambe nulle, con un errore pari a zero che violerebbe il **principio di Heisenberg**: ciò porta a concludere per l'esistenza di **fluttuazioni quantistiche nello spazio vuoto**, che generano una quantità minima di indeterminazione.
Il vuoto è quindi pensato come un equilibrio dinamico di particelle di materia e di antimateria in continua creazione e annichilazione.

Caro lettore, qui siamo al top!

Ancora, **l'energia del vuoto è una quantità di energia presente ovunque nello spazio anche quando privo di materia**, il che rende lo spazio vuoto non completamente vuoto.

Questa energia è legata alle fluttuazioni quantistiche, che determinano la continua fugace comparsa e annichilazione di particelle e antiparticelle. L'esistenza di un vuoto privo di energia comporterebbe l'annullamento simultaneo della posizione e della velocità di una particella, contraddicendo il principio d'indeterminazione.

Come starai notando, caro lettore, **siamo silenziosamente passati dal campo della fisica relativistica a quello della fisica quantistica. Nota come le due, vanno qui in conflitto: la relatività non comprende l'esistenza della relatività, perché essa inficia le leggi della gravità, mentre la fisica quantistica disserta sull'energia del nulla** (!!!).

Una sfida degli scienziati, oggi, è superare questo conflitto della fisica, studiando i principi della **Gravità Quantistica** (***Quantum Gravity***).

Ma se prima del Big Bang, lo spazio era definito da questo nulla quantistico ed energetico**, cosa è successo perché il Big Bang avesse inizio?**

Pensiamoci un attimo, intanto voglio farti un altro esempio, per continuare a riflettere assieme. La chiameremo la "**Teoria della Nuvola**".

Ipotizziamo che l'universo sia come una nuvola nel cielo. Poniamo, ancora, che il cielo contenente la nostra nuvola-universo rappresenti, in base a questo esempio, lo spazio infinito; la nuvola in condizioni di sereno, tenderà a dissolversi, rarefacendo le proprie molecole nel cielo. Nello stesso modo, ***l'universo, in un infinito processo di espansione e rarefazione, potrebbe disperdersi nello spazio vuoto.*** *Tutto ciò che oggi compone l'universo è un po' come l'acqua, il vapore e il pulviscolo, che compongono la nuvola, elementi che stanno assieme per i principi chimici e fisici come sistema nuvola. Così la nuvola-universo risponde alle leggi della fisica del sistema-universo.*
Immaginiamo di essere microrganismi della polvere presente all'interno della nuvola e che stiamo conoscendo i principi che regolano il fenomeno nuvola. Cosa potremmo mai sapere dell'immenso cielo che contiene la nostra piccola nuvola? Quello stesso cielo che contiene migliaia di altre nuvole e fa parte di una dimensione ancora più grande, a sua volta.

Secondo questo ragionamento, ***potremmo ipotizzare uno spazio all'interno del quale si espandono vari universi singoli, così come fanno le galassie all'interno di un singolo universo.*** *Come il cielo non coincide con la nuvola, così lo spazio non coincide con l'universo, essendo lo spazio lo scenario che contiene l'universo.*

Il big bang, dunque, ha dato vita al nostro universo, all'interno dello spazio. E se all'interno dello spazio vi fossero anche altri universi? E chi può dirci dove finisce lo spazio e cosa c'è oltre lo spazio?

Con questo esempio, ovviamente siamo **ai confini tra scienza, fantascienza e filosofia**.

3.1.1. Relatività vs Meccanica Quantistica

Abbiamo detto che, ancora oggi, esiste un **conflitto tra Relatività e Quantistica.** Ma facciamo un passo indietro.

Cosa dice la Relatività?

In estrema sintesi, per restare in tema astronomico, la teoria della relatività generale di Albert Einstein, **definisce l'universo come spazio-tempo deformabile, in base alle leggi della gravità.** Ci sono però dei punti in cui la Relatività va in crisi:

. *il* ***concetto di singolarità alla base del Big Bang****, da cui tutta la materia dell'universo avrebbe origine;*

. *la* ***singolarità al centro dei buchi neri****, tanto densa e massiva da trattenere finanche la luce nel suo* ***orizzonte degli eventi****.*

Questi due concetti di singolarità mettono in crisi ogni equazione matematica della fisica. Secondo la Relatività, che pur ne ammette l'esistenza teorica, essi non possono definirsi, quasi fossero una sorta di entità metafisica.

Cosa dice la Meccanica Quantistica?

La fisica quantistica nasce per indagare le leggi dell'infinitamente piccolo, studiando la **fisica delle particelle.** La quantistica, infatti, studia le **particelle subatomiche** e, a partire dal XX secolo, ha aperto nuovi orizzonti scientifici e tecnologici. Fino a un certo punto queste due branche della fisica non andrebbero in conflitto, indagando settori differenti ma di fronte a questi temi così "misteriosi", convergono e configgono.

Il fisico tedesco Max Planck (1858-1947), padre della meccanica quantistica

Oggi, le nuove frontiere della **meccanica quantistica** si studiano in centri sperimentali di altissima tecnologia, come il **CERN di Ginevra**, tramite gli **acceleratori di particelle**.

Il Large Hadron Collider (LHC)del CERN, è il collisore di particelle più grande e ad alta energia del mondo e la macchina più grande del mondo

In posti come il CERN, oggi, sono deposte le maggiori speranze degli scienziati e dei fisici di tutto il mondo, poiché solo le nuove scoperte della quantistica, probabilmente, potranno darci le risposte che aspettiamo per dipanare i più ingarbugliati nodi dell'universo.

3.1.2. La Teoria delle Stringhe

Abbiamo parlato di **infinitamente grande e infinitamente piccolo**, come probabili chiavi di lettura dell'universo.
In tal senso, appare molto interessante la teoria delle stringhe. **Ma di cosa si stratta?**

In ogni singolo granello di sabbia ci sono miliardi di **atomi**; ogni atomo è costituito da elementi più piccoli: gli **elettroni** che orbitano attorno al nucleo, i **protoni** e i **neutroni** che costituiscono il nucleo, che a loro volta è costituito da elementi più piccoli, i **quark**. Secondo la teoria delle stringhe, la catena non si interrompe qui, in quanto le particelle che compongono ogni cosa nell'universo, sono costituite da elementi ancora più minuscoli, ossia **anelli di energia vibrante, detti stringhe**. Ogni stringa è infinitamente piccola.

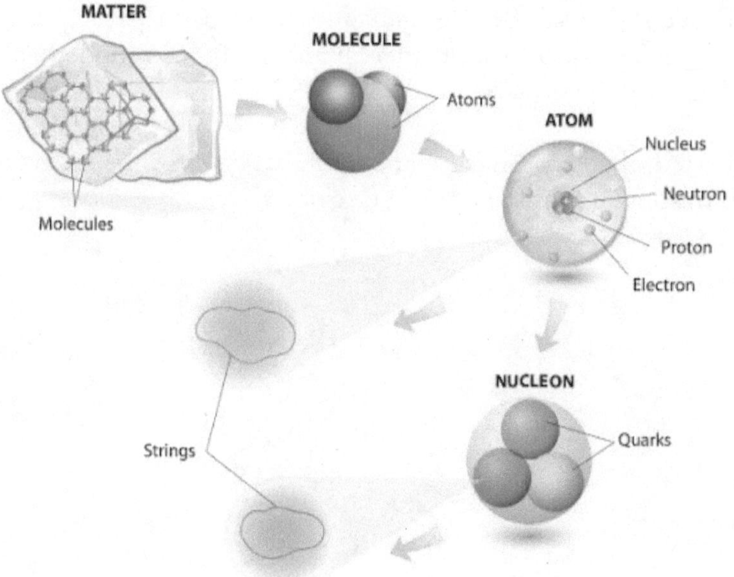

La teoria delle stringhe, dunque, è una teoria, ancora in fase di sviluppo, che tenta di conciliare la meccanica quantistica con la relatività generale e che potrebbe costituire una teoria del tutto.

Si fonda sul principio secondo cui la materia, la radiazione e lo spaziotempo, siano la manifestazione di entità fisiche fondamentali che sono chiamate stringhe.

Quindi, torniamo alla domanda lasciata sospesa qualche pagina fa, ossia, **cosa c'era prima del Big Bang?**
Adesso, potremmo rispondere: **uno spazio vuoto, fatto di stringhe, ossia minuscole particelle di energia vibrante.**

All'interno di questo spazio, fatto di energia, qualcosa ha innescato il Big Bang e tutte le sue evoluzioni successive.

Qualcosa, cosa? Beh, magari uno scontro tra particelle, similmente a quanto si prova a fare all'interno dei moderni acceleratori di particelle.

La teoria delle stringhe è ancora *work in progress* ma ha avuto e tuttora ha un suo notevole fascino.

3.2. Tipi di Stelle e loro vita

Abbiamo già parlato in una certa qual misura del Sole e del percorso evolutivo di una stella, nel capitolo sul destino del sistema solare.

Soltanto all'interno della nostra galassia ce ne saranno circa 300 miliardi. Come abbiamo visto, però, **le stelle non sono tutte uguali** (vi ricordate il grafico che riguardava la tipologia di stelle al variare della massa?).

Tuttavia, la loro origine è abbastanza chiara: come nel caso del Sole, **si sono formate per condensazione di nebulose**, costituite prevalentemente da idrogeno ed elio: trascorsi 10 milioni di anni la massa è tale da causare l'innalzamento di temperatura, necessario all'innesco delle reazioni termonucleari della protostella. Dopodiché, a seguito della fusione atomica, si forma la stella vera e propria.

Le stelle vengono suddivise in classi: nella classe O ci sono le stelle più calde (35000-20000°C) e sono azzurro-blu; la classe B (20000-10000°C), azzurre; A (10000-7000), bianco-azzurre; F (7000-6000), bianche; alla classe G appartengono le stelle gialle con temperature compresa fra i 6000 e i 4500°C; vi sono poi le stelle arancioni di classe K (4500-3500). Infine, le stelle rosse sono le più fredde, si trovano nella classe M e hanno temperature inferiori ai 3500°C.

Che dici Rosina facciamo fare un breve tour interstellare ai nostri ospiti?

Certo Capitano! Facciamo ora un breve tratto, scaldiamo ora i motori alla velocità Warp e andiamo a 8,6 anni luce ed ecco Sirio, sistema binario nella costellazione del Cane Maggiore.

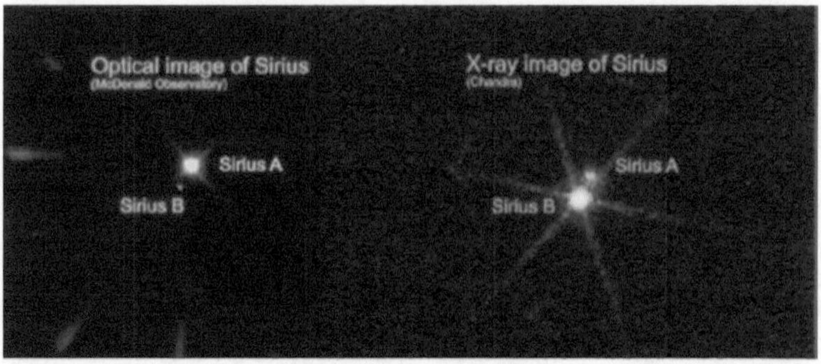

Sirio è una nana bianca, molto più piccola del Sole.

Adesso voliamo a circa 36 anni luce, al cospetto di una stella più luminosa, seconda solo a Sirio, vale a dire Arturo, nella costellazione del Boote, una gigante rossa.

Le stelle più fredde, le rosse, possono essere molto grandi, d'altronde hanno vissuto a lungo…

Bene! È anche vero che quando la condensazione in una stella si arresta, la sua temperatura rimane costante, vale a dire, fino a quando ha a disposizione idrogeno da trasformare in elio (fusione atomica). **Il consumo dell'idrogeno dipende dalla massa: più sono grosse e più fanno in fretta.**

Il Sole, stella di media taglia, ha iniziato il suo lavoro 4,5 miliardi di anni fa e terminerà fra 5. Una qualunque gigante, che sia blu o rossa, esaurirà il suo combustibile in pochi milioni di anni.

Una volta esaurito l'idrogeno nel nucleo, esso si diffonderà negli strati più esterni. Il nucleo si contrae abbassando la sua temperatura; **la stella si espande in maniera più rarefatta, raggiungendo lo stadio di gigante rossa.**

Rosina: Capitano, permettimi un accenno a quel che avviene con stelle di grande massa.

Prego!

Quando queste arrivano allo stadio di supergigante rossa, ormai in fin di vita, la loro temperatura è ancora talmente alta da innescare quei processi di fusione in grado di formare gli elementi più pesanti, fino al ferro, in un tumulto di fasi alternate di contrazione ed espansione. La pressione interna aumenta a dismisura causando un'esplosione catastrofica. La ***Supernova*** *arriva a risplendere come un'intera galassia. Esistono anche le nove, lievemente più piccole.*

3.2.1. Le Pulsar o Stelle di Neutroni

Rosina, cosa mi dici, invece, delle **Pulsar**?

Una pulsar è una stella di neutroni. *Nelle prime fasi della sua formazione* ***ruota molto velocemente*** *ed emette impulsi elettromagnetici ad intervalli regolari. La massa delle Pulsar è comparabile a quella del Sole, ma è compressa in un raggio di una decina di chilometri, quindi* ***la loro densità è enorme.***

La loro materia, infatti, è così compatta che una quantità di materiale delle dimensioni di una zolletta di zucchero peserebbe più di 1 miliardo di tonnellate, più o meno come il Monte Everest!

Una pulsar, in una elaborazione artistica a scopo illustrativo

Dunque, ***quando una stella esplode come Supernova, le sue regioni interne collassano in una Stella di Neutroni,*** *appunto.*

La velocità di rotazione di una Pulsar è variabile e dipende soprattutto dal suo raggio.

Curiosità: Pur avendo densità incredibili, le Stelle di Neutroni non raggiungono mai, in tal senso, la potenza dei Buchi Neri, che rappresentano il top della densità nello spazio.

3.3. Cosa è una Galassia?

Una galassia può essere definita come **un sistema autorotante massiccio** che comprende al suo interno: stelle, sistemi solari, ammassi, conglomerati stellari, nebulose, gas e polveri. **Il collante di tutti questi oggetti è la forza di gravità**.

Le stelle visibili dall'uomo ad occhio nudo, fanno parte della nostra galassia, la **Via Lattea**, chiaramente identificabile come una striscia luminosa.

Le dimensioni delle galassie sono variabili e dipendono dal numero di stelle presenti.

Le stelle sono molto distanti le une dalle altre e tra di loro vi è un mezzo interstellare costituito da particelle di gas e polvere cosmica, di densità variabile. Talvolta può capitare che le particelle di gas si addensino, creando delle nubi (**nebulose**), che tendono a rendere meno nitida l'osservazione delle strutture delle galassie e delle stelle presenti.

Le uniche galassie osservabili dalla Terra, ad occhio nudo, sono le **Nubi di Magellano** e la **Galassia di Andromeda**.

Il nostro sistema galattico ruota attorno ad un asse, passante per il centro galattico con un moto mediamente lento.

Adesso facciamo un bel salto a 2538 milioni di anni luce, con la nostra *Tellus*... e dove andiamo, secondo voi?

Wow! Ecco **M31** (15), detta anche **Galassia di Andromeda**.

Ha una forma simile alla Via Lattea, (denominata **a spirale**) e fra 10 miliardi di anni **si fonderà con la Via Lattea dando origine a una supergalassia**, Milkomeda o Lattomeda.

3.4. Tipi di galassie

In base alla loro forma, **le galassie possono essere classificate in: ellittiche, a spirale e irregolari.**

Le cosiddette GALASSIE ELLITTICHE sono sferiche o ovoidali, hanno una colorazione rossastra perché sono composte da stelle non giovani.

Le GALASSIE A SPIRALE presentano una forte luminosità al centro, poiché le stelle più vecchie sono concentrate nella zona centrale e le giovani nei bracci della spirale. Il 70% delle galassie appartiene a questa categoria e può assumere colorazioni differenti, che vanno dal rosso al blu.

Infine, **le GALASSIE IRREGOLARI non hanno una forma ben definita** e sono formate da stelle giovani e nubi e polveri di gas in notevoli quantità.

Le galassie vanno a loro volta a comporre delle strutture più ampie denominate *ammassi*.

La Via Lattea, ad esempio, fa parte di un piccolo ammasso chiamato *Gruppo Locale*, in cui ritroviamo Andromeda e circa una trentina di altre galassie.

Galileo scoprì per primo la traccia luminosa lasciata nel cielo dalla nostra galassia, mediante telescopio. È una spirale caratterizzata da un disco galattico, dal quale partono i bracci; al centro troviamo un alone, quasi sferico, composto da stelle mature e da ammassi stellari globulari.

Curiosità: Nel 2012 gli astronomi hanno scoperto una galassia molto simile alla Via Lattea, chiamata NGC 1073, caratterizzata da due piccole galassie satelliti che le orbitano intorno, esattamente come le Nubi di Magellano intorno alla Via Lattea.

Una rappresentazione artistica della Via Lattea (ing. Milky Way), da Wikipedia

3.5. Come si muovono Pianeti, Stelle e Galassie?

Eppur “tutto” si muove! I pianeti rivolvono attorno al Sole e attorno al proprio asse; abbiamo già visto che questo moto lungo se stessi un poco allontana dall’orbita.

Gli astronomi hanno da tempo scoperto che la nostra stella si muove in direzione di un punto (denominato **apice**) situato fra la **stella Vega** e la **stella Mu Herculis**, alla velocità di venti chilometri al secondo. In virtù di questo movimento, il Sole percorre ogni anno la bellezza di 630 milioni di chilometri.

Rispetto alla nostra stella, è il nostro pianeta che si muove ma, rispetto alla Terra, è il Sole che viene a trovarsi in movimento, compiendo un giro del cielo una volta all’anno lungo una traiettoria che gli astronomi chiamano **eclittica**, posizionata in corrispondenza delle *tredici* (non 12!) costellazioni zodiacali; quindi, **il movimento assoluto non esiste**.

Le galassie hanno la tendenza a raggrupparsi in ammassi e, su scala più grande, gli stessi ammassi in super-ammassi.

La nostra galassia non fa eccezione: essa appartiene ad un piccolo gruppo, denominato **Gruppo Locale**, che conta circa trentacinque unità; la galassia di Andromeda, se si escludono le nubi di Magellano, è quella più vicina e anche quella più grande.

Un altro ammasso, molto più numeroso del nostro, è quello della Vergine: contiene migliaia di galassie e un’occhiata, con un modesto telescopio, nella zona di cielo compresa fra la costellazione della Vergine e quella della Chioma di Berenice, ne mostrerà a decine.

A causa delle interazioni gravitazionali fra galassie vicine, **la nostra galassia si sta avvicinando alla velocità di circa cinquanta chilometri al secondo a quella di Andromeda**, con la conseguenza che, fra qualche miliardo di anni, le due si fonderanno per formare una nuova iper galassia.

Inoltre, **il Gruppo Locale si sta muovendo in direzione del Grande Ammasso della Vergine**, con una velocità compresa fra 100 e 400 chilometri al secondo.

Infine, ci sono forti indizi che il Grande Ammasso della Vergine e tutti gli ammassi limitrofi (Gruppo Locale compreso), si stiano muovendo, alla velocità di 600 chilometri al secondo, in direzione di un punto situato fra le costellazioni australi dell'Idra e del Centauro, denominato Grande Attrattore, che si trova a circa 180 milioni di anni luce di distanza, laddove sembra essere presente una **concentrazione di materia equivalente a circa centomila galassie** (questione ancora controversa).

E a questo punto potremmo dire, **dove va l'Universo?**

Suspance! Di questo ne parleremo più avanti!

3.6. Nascita e morte di una Galassia

Spiegare la nascita di una stella è più semplice, perché questo è un processo che si ripete continuamente; non possiamo dire altrettanto sulle galassie. Esse **si sono formate nei primi stadi di espansione dell'Universo, dopo il Big Bang**, pertanto diventa compito arduo.

Tutte le teorie ipotizzano che, affinché le galassie esistano, ci debbano essere state delle piccole disomogeneità nella materia uniforme dell'Universo primordiale, cioè delle piccole irregolarità locali, che si sarebbero poi trasformate nelle strutture più grandi che conosciamo.

Tali disomogeneità sono state osservate per la prima volta nel 1992 dal **satellite Cobe**, sotto forma di piccole fluttuazioni di temperatura nella radiazione cosmica, scheletro del Big Bang, che permea omogeneamente l'Universo: la loro misurazione precisa è importante perché permette di limitare il periodo di tempo in cui sono nate le galassie.

Un altro modello spiega il fenomeno con la perturbazione introdotta da un accrescimento continuo di materia.

L'idea che le galassie siano concentrazioni di stelle e gas interstellare, ben localizzate nell'Universo e non interagenti tra loro, è rimasta valida fino a circa la metà degli anni Cinquanta del XX secolo. Le osservazioni fatte lungo tutto lo spettro elettromagnetico, dalle onde radio ai raggi X, hanno cambiato significativamente questa visione: **è diventato evidente che le collisioni tra galassie sono fenomeni tutt'altro che rari nell'Universo**. Pertanto, **le galassie si sono formate in una "accozzaglia" di eventi**.

Le galassie possono raggrupparsi in numero elevato (fino a migliaia di componenti) per costituire grandi strutture.

La famosissima immagine "Deep Field", catturata dal telescopio spaziale hubble, ti rende una vaga idea di quante galassie ci siano nell'universo

Nonostante queste enormi concentrazioni di materia, l'Universo è sufficientemente grande da essere considerato su vasta scala omogeneo: infatti, fra gli ammassi esistono regioni molto più ampie che contengono pochissime galassie.

La scoperta degli ammassi di galassie è molto importante dal punto di vista cosmologico, perché contribuisce a conoscere meglio il valore della densità di materia del cosmo; da tale valore si può stabilire la curvatura dell'Universo e il suo destino, se cioè continuerà a espandersi per sempre, oppure se fermerà la sua espansione, contraendosi su se stesso.

Affinché quest'ultima eventualità sia possibile, la densità di materia deve superare un valore critico, oltre il quale l'attrazione gravitazionale che sussiste tra la materia dell'Universo, sarà in grado, prima o poi, di contrastare le forze responsabili dell'espansione.
Approfondiremo questo tema più avanti nella trattazione.

Quindi? **Come moriranno le galassie?**

Secondo un nuovo studio pubblicato sulla rivista *Nature*, la principale causa di morte galattica sarebbe da imputare al fenomeno dello "**strangolamento**", un processo graduale che si innesca quando le galassie non possiedono più gli elementi chimici necessari alla formazione di nuove stelle.

In realtà, non esiste ancora un modello soddisfacente che spieghi l'estinzione delle stelle all'interno delle galassie; addirittura c'è chi pensa che il buco nero presente nel centro galattico, alla fine cresca a dismisura, finendo per fagocitare intere galassie.

I segreti svelati in questo capitolo

. L'Universo come lo conosciamo oggi è nato grazie al fenomeno definito "inflazione cosmica".

. Le stelle non sono tutte uguali, ossia puntini luminosi nel cielo. Possono essere incredibilmente diverse fra loro, sia per dimensioni, temperatura e colore.

. La nostra galassia, la Via Lattea, fa a sua volta parte di un gruppo locale di galassie.

. Non esistono teorie definitive che spieghino come siano formate o come moriranno le galassie.

. Tutto si muove nel cosmo, dall'oggetto più piccolo ai cluster di galassie.

. All'interno della nostra galassia e precisamente al centro si trova un buco nero.

4. I MISTERI DELLA TERRA

4.1. Come si è evoluta la vita della terra

Con estremo rammarico dobbiamo momentaneamente interrompere il nostro viaggio interstellare, perché dobbiamo necessariamente chiarire alcuni argomenti che riguardano proprio il nostro pianeta Terra. In parte, li abbiamo già accennati in precedenza ma è giunta l'ora di riprenderli.

In primis, torniamo sul tema controverso dell'origine della vita.

L'ipotesi più logica e plausibile è che l'**ABIOGENESI (l'origine della vita sulla Terra)** sia dovuta alla semplice aggregazione di molecole semplici in forme più complesse.

L'atmosfera primitiva (parliamo di circa 3,6 miliardi di anni fa) era composta da metano, ammoniaca, idrogeno e vapore acqueo. Teniamo presente che in questa epoca non c'era ossigeno e la temperatura in superficie era ancora molto elevata, nonostante il pianeta si stesse già raffreddando.

In questo inferno di scariche elettriche, i gas presenti, investiti dalle radiazioni solari, hanno così concorso alla formazione delle **prime biomolecole** con strutture molto complesse (il **Brodo Primordiale**). Le **molecole organiche** hanno così prodotto i primi **amminoacidi**, vale a dire l'unità strutturale primaria delle proteine.

Sono stati condotti degli esperimenti che hanno permesso di comprendere come, dai primi **amminoacidi**, si sia potuta evolvere una struttura simile alla cellula, per composizione e per funzioni. In particolare, riscaldando gli amminoacidi in assenza di ossigeno, si formano spontaneamente dei **polipeptidi**, una breve **catena proteica**, che, messi in acqua, danno origine a **piccole vescicole**; queste manifestano una debole **attività enzimatica** e sono in grado di assimilare certe sostanze dalla soluzione circostante, dando luogo, in alcuni casi, alla formazione sulla propria superficie di una **pellicola di lipidi e proteine**, qualcosa che ricorda una **membrana cellulare.**

Purtroppo, **non siamo ancora in grado di spiegare quale sia il meccanismo tramite il quale queste *protocellule* si siano poi evolute in cellule autoreplicanti e soprattutto come abbiano potuto formarsi il DNA e l'RNA (che consentono appunto la riproduzione cellulare).**

Sicuramente queste *protocellule* potevano metabolizzare le molecole organiche presenti nel brodo, per nutrirsi, ricavando l'energia tramite processi fermentativi. Oserei dire, simili a batteri, quindi, si sono poi evolute nelle **cellule eucariote** che conosciamo (dotate di membrana nucleare che racchiude il materiale genetico, e un complesso sistema di membrane e organuli).

L'evoluzione degli eucarioti è per molti versi ancora un mistero, e parecchie sono state le teorie proposte in merito.

Rosina: Una curiosità! La presenza di molecole organiche nello spazio, rilevabili in nebulose e meteoriti, dimostra che queste reazioni sono avvenute anche in altri luoghi dell'universo; ciò fa pensare che le prime biomolecole potrebbero essere state trasportate sulla Terra per mezzo di meteoriti.

Questi primitivi organismi erano assolutamente privi di **mitocondri (eucarioti amitocondriati)**. La nascita dei mitocondri (sede di tutte le trasformazioni energetiche a livello cellulare) si deve ad un processo diverso, chiamato **endosimbiosi**, in cui una cellula viene metabolizzata da una seconda cellula (una sorta di cannibalismo cellulare) e finisce per vivere al suo interno: col passare del tempo, questo rapporto si fa più stretto, fino a che le strutture delle due cellule si fondono a tal punto, da poter essere considerate un organismo unico.

Le prove di questa antichissima endosimbiosi sono numerose, e risiedono nel DNA ancora presente nei mitocondri, e nella struttura della loro parete.

Questi nuovi eucarioti, dotati di mitocondri, si diffusero in tutti gli ambienti, e diedero origine, in centinaia di milioni di anni, a tutti gli eucarioti eterotrofi, tra i quali funghi e animali, esseri umani compresi.

Alcuni di questi eucarioti dotati di mitocondri, andarono incontro ad un secondo, e altrettanto fondamentale, evento di endosimbiosi, questa volta con un **procariote fotosintetico** affine agli attuali **cianobatteri**. Da questo evento si originarono i **cloroplasti**, gli organelli che trasformano l'energia solare in energia chimica, presenti nelle cellule vegetali.
Da questa seconda endosimbiosi, si originarono le piante in senso lato (comprendendo quindi anche le alghe), organismi che sono dunque eucarioti (dotati di membrana nucleare), con mitocondri e cloroplasti.

Tre fenomeni distinti, dunque, sono stati gli eventi fondamentali che hanno segnato l'evoluzione della vita sulla terra, le tappe più importanti nella storia della vita, che hanno gettato le basi, in un tempo lontanissimo, per lo sviluppo della varietà di organismi che oggi popolano il nostro pianeta.

Il pianeta Terra si formò circa 4,54 Ga *(giga-annum, unità di tempo uguale ad un miliardo di anni, in inglese anche detto "billion"; comunemente utilizzato in ambito scientifico per indicare periodi di tempo estremamente lunghi nel passato)*, relativamente poco tempo dopo l'origine stessa del Sistema solare.

Le prime molecole organiche complesse, formatesi con meccanismi oramai noti dall'atmosfera primordiale *(la genesi delle prime molecole complesse è stata per la prima volta studiata sperimentalmente nell'Esperimento di Miller-Urey)*, portarono, attraverso processi non ancora univocamente accettati dalla comunità scientifica, al periodo **Archeano**, ad originare la vita.

Le teorie sul passaggio dalle prime molecole complesse a sistemi in grado di auto-riprodursi sono ancora in continua elaborazione.

La vita si sviluppa ed inizia ad evolvere unicamente nelle acque, l'atmosfera terrestre è abiotica.

Molto tempo dopo, tra 2 e 1,5 Ga, compaiono i primi eucarioti, e si va intanto incontro all'evoluzione di un'atmosfera ossidante, frutto dell'intensa fotosintesi clorofilliana, iniziata da 3,5 a 2,8 Ga, ad opera dei cianobatteri o alghe azzurre monocellulari.

Aumenta la complessità degli organismi, seppure a livello di strutture cellulari, ed il materiale genetico in qualche gruppo viene ad essere confinato in una struttura specifica, il nucleo. Sempre più organismi, intanto, sfruttano come fonte di energia la radiazione elettromagnetica proveniente dal sole, invece dell'energia di legame chimico.

Si gettano le basi per un'atmosfera terrestre atta ad accogliere i viventi, anche per l'affermazione di uno schermo ultravioletto generato dal sempre più abbondante ozono nella stratosfera.

La complessità delle cellule aumenta. Probabilmente organismi molto diversi, entrano in simbiosi tra loro per costituire cellule fornite di strutture complesse deputate a compiti specifici; questa è la genesi più accreditata dell'origine dei mitocondri, e dei cloroplasti nelle cellule vegetali (**teoria dell'endosimbionte**). Le loro funzioni sono deputate a questioni energetiche.

Col tempo, questi primi micro-organismi evolveranno in organismi pluricellulari.

Le linee evolutive delle piante, per questioni inerenti alla loro ecologia, sono meno note e più soggette a revisione scientifica.

Nel **Siluriano** si diffondono gli euripteridi, precursori degli aracnidi.

Nel **Devoniano**, circa 400 Ma (*megaannum, solitamente rappresentato con Ma, è una unità di tempo uguale ad un milione di anni*), sono già presenti tutte le principali linee evolutive dei vertebrati, che proseguiranno fino al **Permiano**, tra cui gli osteitti o pesci ossei.

Nel Devoniano la copertura vegetale della superficie terrestre è già molto elevata.

Tra il Siluriano ed il Devoniano, da un gruppo di anfibi labirintodonti, si diparte la linea evolutiva che porterà ai primi rettili certi, i cotilosauri del **Carbonifero**.

Un'altra radiazione, questa volta partita dai teropodi, nel periodo **Giurassico**, condurrà agli uccelli.

La seconda maggiore estinzione di massa che ha caratterizzato la storia della vita sulla Terra, avviene alla fine del Cretaceo, 65 milioni di anni fa, con la scomparsa dei grandi rami dei dinosauri, aprendo la via all'evoluzione adattativa dei mammiferi.

Nel **Paleocene**, siamo già nell'**era terziaria**, appaiono i **primi mammiferi**, riconducibili ad ordini ancora viventi, ed alla fine del periodo, si trovano fossili strutturalmente affini agli attuali **lemuridi**.

Nell'**Eocene**, 10 Ma dopo i primi fossili simili a lemuridi, **troviamo scimmie con caratteristiche moderne**.
Le premesse per un animale nudo, eretto e autoreferenzialmente supposto intelligente, sono pronte.

In pochi milioni di anni siamo pronti per l'**Homo sapiens**.

A questo punto l'evoluzione per quanto noto dalle scienze antropologiche, è più che altro solo culturale, tecnologica e non biologica, e questa specie, dotata di autocoscienza, inizia a scrivere la propria storia.

4.2. Le grandi Estinzioni di Massa

I microorganismi fotosintetizzatori, grazie alla clorofilla, pigmento verde inglobato casualmente, riuscivano a catturare l'energia del Sole e, grazie a questa energia, scomponevano le molecole di acqua e di anidride carbonica (disciolta nell'acqua) per nutrirsi e provvedere al proprio sostentamento.

Questo meccanismo è la famosa **fotosintesi clorofilliana** ed è talmente semplice e ingegnosa, che si è conservato praticamente immutata fino ad oggi.

La fotosintesi clorofilliana è un piccolo prodigio della natura: da essa dipende la quasi totalità della vita sulla Terra.

Perché? Il prodotto di scarto di questo meccanismo non è altri che l'ossigeno, prodotto, quindi, quasi quattro miliardi di anni fa, grazie all'attività fotosintetica.

La vita rimase confinata negli oceani sotto forma di semplici microorganismi unicellulari per più di tre miliardi di anni; le prime strutture complesse (spugne e meduse) comparvero circa 700 milioni di anni fa.
Infine, **circa 400 milioni di anni fa, la vita iniziò a popolare la terraferma.**

Le prime estinzioni conosciute, risalgono proprio a questa epoca.

Cosa potrebbe generare un'estinzione di massa?

1. **Mutamenti di habitat** (vedi glaciazioni)
2. **Eventi catastrofici**, di natura extraterrestre (tipo asteroidi o comete in orbita di collisione con la Terra, oppure esplosione di una vicina supernova) o ma anche terrestre (come vulcanesimo e terremoti).

Gli effetti di una imponente eruzione vulcanica sul clima, sono analoghi a quelli provocati da una collisione asteroidale: immense quantità di polveri immesse nell'atmosfera, iniziale raffreddamento e conseguente riscaldamento della superficie terrestre, con un drastico calo dell'attività fotosintetica delle piante, per via dell'oscuramento del Sole.

Tutt'oggi, **gli scienziati hanno scoperto l'esistenza di 5 grandi estinzioni e altre minori.**

Le più importanti sono le seguenti:

1ª grande estinzione (450 milioni di anni fa)
In questo periodo la vita era confinata negli oceani e si verificò una **glaciazione** prolungata, con conseguente abbassamento del livello del mare, che causò una riduzione dell'habitat marino a disposizione circa dell'85% (depositi glaciali relativi a questo periodo sono stati trovati nel deserto del Sahara).

2ª grande estinzione (365 milioni di anni fa)
Seconda glaciazione (depositi glaciali relativi a questo periodo sono stati trovati nel nord del Brasile); concausa: **impatti asteroidali.**

3ª grande estinzione (250 milioni di anni fa)

È la più grande estinzione di tutti i tempi (percentuale stimata di specie viventi coinvolte nell'estinzione: 90-95%)

4ª grande estinzione (205 milioni di anni fa)
Questa estinzione ha colpito soprattutto il 75% delle specie marine. Percentuale stimata di specie viventi coinvolte nell'estinzione: 75%.

5ª grande estinzione (65 milioni di anni fa): estinzione dei **dinosauri** (80%).

Estinzione dei dinosauri, immagine artistica

Prima della grande terza estinzione, la vita prosperava sul nostro pianeta; la terraferma era dominata dai **sinapsidi**, la prima grande dinastia di vertebrati terrestri, che prosperavano da 60 milioni di anni. Anche le acque degli oceani pullulavano di vita: abbondavano i coralli, le ammoniti e le trilobiti.

Solo pochissime specie scamparono al disastro; la superficie terrestre si trasformò in una landa desolata e gli oceani in una massa d'acqua quasi sterile.

Infatti, gli scienziati hanno scoperto che le rocce risalenti al Permiano sono ricche di polline, segno della presenza di grandi foreste di conifere in buona salute; poi, improvvisamente, nelle rocce di fine Permiano, di tutto il mondo, si trova una grande quantità di filamenti di funghi fossilizzati: secondo alcuni ricercatori si tratta di un fungo che attacca gli alberi in decomposizione.

Si calcola che durante la grande estinzione del Permiano, meno del 5% degli animali marini riuscì a sopravvivere.

Secondo l'opinione di alcuni scienziati, **l'evento che ha scatenato il disastro fu la caduta di un grosso asteroide e l'estinzione avvenne in maniera rapida, meno di 100.000 anni.**

Analizzando alcuni campioni di roccia presenti in Australia e in Antartide, che risalgono all'epoca dell'estinzione, sono stati trovati dei minuscoli cristalli di quarzo, che presentano delle microscopiche fratture. Per deformare il quarzo in questa maniera è necessaria una quantità di energia enorme, ecco perché si è pensato ad un impatto catastrofico.

Di recente, proprio nel sottosuolo australiano, è stata scoperta la presenza di un antico cratere da impatto, largo circa 120 chilometri, che non può che essere stato provocato dalla collisione con un asteroide di almeno 5 chilometri di diametro.

Durante quest'epoca, però, sembra si siano verificate altre estinzioni minori. **Le deduzioni si fanno sempre in base ai reperti fossili che sono stati ritrovati** (tramite metodi di datazione come quella al **radio carbonio**) e allo stato in cui si trovano.

La potenza di una collisione di questo genere solleverebbe poi milioni di tonnellate di polveri e gigantesche nubi in grado di oscurare il Sole per molto tempo.

La relativa mancanza di calore al suolo, provocherebbe un abbassamento della temperatura; cadrebbero piogge e nevi acide corrosive. Soltanto questo basterebbe a sterminare quasi tutte le piante e con loro gran parte degli animali erbivori (che si nutrono di piante) e carnivori (che a loro volta si nutrono di erbivori). Una volta diradate le nubi, il Sole sarebbe tornato a risplendere su un pianeta ormai devastato.

Ma non finisce qui. La decomposizione di tutta quella materia organica, libera in atmosfera anidride carbonica, causando un colossale effetto serra con conseguente surriscaldamento del pianeta, durato milioni di anni.

Vi sono poi altre ipotesi avvalorate da alcuni scienziati.

A Norilsk, in Siberia, si trova un'estesa superficie basaltica, ora ricoperta da conifere, originata da un intenso episodio di vulcanesimo. Si stima che, in quella occasione, venne eruttata una quantità di lava sufficiente a ricoprire la superficie dell'intero pianeta con uno strato di circa sei metri.

Non esistevano i continenti come li conosciamo oggi, ma essi costituivano un unico blocco; nel Permiano il 70% del pianeta era composto d'acqua.

Gli effetti climatici del vulcanesimo, sono identici a quelli provocati da una collisione asteroidale.

Altri scienziati ancora propendono per altre soluzioni: ciò che accadde alla fine del Permiano è ancora avvolto nel mistero.

La più famosa estinzione di massa avvenne 65 milioni di anni fa, alla fine del periodo geologico chiamato Cretaceo. La sua fama è dovuta al fatto che in quest'epoca scomparvero i dinosauri, i grandi rettili, discendenti dei sopravvissuti della grande estinzione del Permiano, che avevano dominato il pianeta Terra per più di 150 milioni di anni.

Era opinione diffusa che la grande crisi fosse stata causata dall'esplosione di una supernova molto vicina alla Terra.
A sostegno di tale ipotesi, alcuni astronomi avevano scoperto che il sistema solare si trova molto vicino al centro di un enorme anello di gas in espansione, che potrebbe essere il residuo di tale esplosione.

Poi, nel 1980, si ebbe il primo colpo di scena.
Nei pressi della città italiana di Gubbio, venne riscontrata la presenza di una anomala concentrazione di iridio, un elemento abbastanza raro sulla Terra ma comune nelle meteoriti.

Luis Alvarez, premio Nobel per la chimica, che partecipò al progetto Manhattan, assieme ad altri scienziati, misurò quantitativamente la percentuale di iridio, avanzando l'ipotesi che l'estinzione doveva essere stata causata dalla **collisione con un grosso asteroide o una cometa**.

Le tracce del cratere e del conseguente tsunami, sono state cercate per dieci anni e tutti gli indizi a disposizione facevano ritenere che il luogo dell'impatto fosse il Golfo del Messico.

Poi il secondo colpo di scena: negli archivi della PEMEX (*Petroleos Mexicanos*, grossa azienda petrolifera), fu trovato un dossier relativo alla scoperta di una enorme struttura circolare sotterranea, situata nella penisola dello Yucatan, in prossimità della cittadina di *Puerto Chicxulub*, vicino a Merida.

Lo studio del cratere portò alla conclusione che il corpo celeste responsabile della collisione, doveva essere un asteroide o una cometa, con un diametro di circa 10 km, capace di impattare la superficie terrestre alla velocità di 30 chilometri al secondo, liberando una energia inimmaginabile.

4.3. Il Futuro della Terra e dell'Uomo

Oggi la situazione non è molto cambiata rispetto a 65 milioni di anni fa; i pericolosissimi eventi astronomici, di cui abbiamo parlato in precedenza (supernove, asteroidi), sono sempre in agguato e possono verificarsi in qualsiasi momento.

Nei dintorni del Sole, vi sono molte stelle destinate a terminare la propria esistenza in questa maniera e abbiamo fortissimi indizi astronomici che, circa 12.000 anni, fa esplose una supernova che distava dalla Terra solo 1.500 anni luce.
La supernova apparve nella zona attualmente occupata dalla costellazione australe della Vela e raggiunse una luminosità pari a quella della Luna piena. Gli effetti furono limitati, poiché la distanza era comunque sufficiente per salvare il pianeta dalle radiazioni. Infatti, secondo studi realizzati negli anni '70 del secolo scorso, la distanza critica dovrebbe aggirarsi intorno ai 600 anni luce.

Sul fronte degli impatti asteroidali, le cose non vanno meglio, visto che questi fenomeni sono molto frequenti. Basti pensare al **Meteor Crater** in Arizona, provocato dalla caduta di un asteroide, avvenuta fra 50.000 e 20.000 anni fa; oppure, alla **catastrofe di Tunguska**, in Siberia, dove nel 1908 l'esplosione in quota di un asteroide, annientò migliaia di chilometri quadrati di foresta; oppure, ancora, si pensi al piccolo asteroide che nel 1972 entrò nell'atmosfera e sfiorò la superficie terrestre.

Oggi si conoscono numerosi asteroidi le cui orbite intersecano quella terrestre ma essi vengono continuamente monitorati. Nessuno di loro, per fortuna, è attualmente in rotta di collisione con la Terra, ma il pericolo non è certamente scongiurato per l'impossibilità di scoprire e tenere sotto controllo tutti gli asteroidi potenzialmente pericolosi, soprattutto quelli più piccoli.

Nell'eventualità, speriamo remota, di una esplosione di supernova vicina o di un impatto con grosso asteroide o con una cometa, il genere umano, probabilmente, non avrebbe scampo! Farebbe la stessa fine dei dinosauri.

Il futuro della Terra sarà determinato da una varietà di fattori, compresi gli aumenti della luminosità del Sole, la perdita di energia termica dal nucleo della Terra, avvenimenti legati ad altri corpi del sistema solare e processi biochimici sulla superficie della Terra.

La **teoria di Milanković** prevede che il pianeta continuerà a subire cicli di glaciazione a causa dell'eccentricità, dell'inclinazione assiale e della precessione dell'orbita della Terra.

Come parte del ciclo dei supercontinenti in corso, la tettonica delle placche avrà probabilmente come risultato un supercontinente tra 250-350 milioni di anni. Tali cambiamenti genereranno terremoti e vulcanesimo.

In qualche momento, nei prossimi 1,5-4,5 miliardi di anni, l'inclinazione assiale della Terra potrebbe cominciare a subire variazioni caotiche, con cambiamenti dell'inclinazione fino a 90°.

Da uno a due miliardi di anni nel futuro, l'aumento costante della radiazione solare, causato dall'accumulo di elio nel nucleo del Sole, avrà come risultato l'**evaporazione degli oceani** e la **cessazione della deriva dei continenti**, solidificandosi la componente magmatica sotterranea.

Fra quattro miliardi di anni, **l'aumento della temperatura della superficie terrestre causerà un effetto serra incontrollato.** A quel punto, **la maggior parte della vita (se non tutta) presente sulla superficie terrestre sarà estinta.**

Il destino estremo più probabile del pianeta sarà l'assorbimento da parte del Sole, fra circa 5-7,5 miliardi di anni, dopo che la stella sarà entrata nella fase di gigante rossa e si sarà espansa inglobandoci.

La parte più rapida dell'espansione del Sole in gigante rossa avverrà durante gli stadi finali, quando il Sole avrà circa 12 miliardi di anni. È probabile che esso si espanda fino ad inglobare sia Mercurio che Venere, raggiungendo un raggio massimo di 1,2 unità astronomiche.

Nel momento in cui il Sole comincerà a crescere come gigante rossa, l'orbita della Luna si sarà espansa a tal punto che occorreranno 47 giorni per completarla. Una volta che l'orbita della Luna si sarà avvicinata ad una distanza di 18.470 km, si avrà interruzione dei fenomeni mareali; **la Terra spezzerà la Luna, trasformandola in un sistema ad anello.** La maggior parte dell'anello orbitante comincerà poi a precipitare e i detriti impatteranno la Terra. Di conseguenza, anche se la Terra non sarà inglobata dal Sole, il pianeta non avrebbe più la sua Luna.

Purtroppo dobbiamo continuare a parlare di effetti catastrofici!

4.4. I pericoli del Vulcanesimo

Il rischio vulcanico è dato dal rapporto tra la frequenza e la forza delle eruzioni vulcaniche, che interessano una determinata area, in relazione alla vulnerabilità delle strutture esposte.

Non è il caso di vulcani "estinti" o vulcani che presentano fenomenologie a pericolosità limitata; oppure di vulcani che si trovano in zone non abitate.

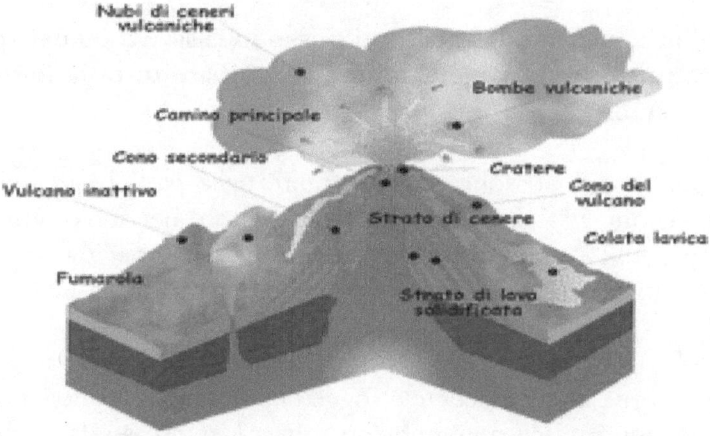

Le eruzioni vulcaniche avvengono quando il magma (materiale solido, liquido e gassoso ad alta temperatura), proveniente dall'interno della Terra, fuoriesce in superficie.

Una prima classificazione generale distingue le eruzioni vulcaniche in **effusive** (colate di lava) o **esplosive** (con frammentazione del magma in brandelli di varie dimensioni chiamati piroclasti).

A differenza di altri fenomeni naturali, **le eruzioni vulcaniche sono generalmente prevedibili**, perché precedute da segnali che possono essere rilevati con sistemi di monitoraggio tecnologicamente avanzati.

Le frane vulcaniche e gli tsunami possono essere catastrofici, ma sono poco frequenti. L'emissione di gas è l'effetto più pericoloso correlato all'eruzione.

Le emissioni di gas sono costituite da anidride carbonica, idrogeno solforato, da metano e gas radon, in misura minore.

All'aria aperta tali accumuli possono essere dannosi soprattutto per la vegetazione e sterminare tutta la fauna presente.

I gas tossici possono anche affluire nelle parti basse delle abitazioni, risalendo lungo piccole fratture nel suolo, attraverso tubi e condutture e ristagnare presso il pavimento. Il gas fuoriesce in superficie in corrispondenza di fratture o faglie.

Se la zona in cui risiedete è soggetta a rischio vulcanico, non andate in cantina o in ambienti sotterranei in caso di fuoriuscita di gas. Fate controllare periodicamente questi luoghi per verificare che non siano particolarmente esposti a questo rischio; seguite le procedure d'emergenza correlate.

In Italia abbiamo un bel po' di vulcani di cui preoccuparci: Vesuvio, Etna, Zona di Ischia, Campi Flegrei e i grandi vulcani sottomarini.

La figura mostra la localizzazione di questi ultimi nel Tirreno e nel canale di Sicilia *(fonte: G.M.P.E. Gruppo Mineralogico Paleontologico Euganeo)*.

A questi vulcani, di recente, se ne è aggiunto un altro, ancora senza nome, scoperto a largo di Capo Vaticano in Calabria. Esso è localizzato a circa 120 metri sotto il livello del mare e si estende per circa 15 km.

Sulla base dei dati sino ad oggi disponibili, **il più grande vulcano sottomarino dovrebbe essere il Marsili**, situato nel Tirreno, a sud-ovest del golfo di Napoli, che è forse il più grande vulcano europeo in termini assoluti.

E non è l'unico! Ve ne sono molti altri. **Il rischio più importante associabile ai vulcani sottomarini è il maremoto**, che può essere innescato da grandi eruzioni o da collassi delle fiancate dei vulcani. Di questo fenomeno non siamo ancora in grado di stimare una corretta valutazione del rischio.

Un altro rischio legato ai vulcani sottomarini è rappresentato dalla strage della vita marina dovuta a fuoriuscita di gas tossici.

A livello planetario si contano, ad oggi, circa 20.000 vulcani sottomarini: dalla lunghissima catena, per la maggior parte sommersa, delle Hawaii, all'alto numero dei vulcani dell'Atlantico, che emergono solo in alcuni casi, come ad esempio Capo Verde, Canarie, Madeira, Azzorre, Islanda.

Come per il Tirreno, non è possibile prevedere la formazione dei potenziali tsunami, generabili dai vulcani sottomarini.

Adesso vediamo di correlare a questo discorso anche l'attività sismica.

4.5. Movimenti Tettonici e Terremoti

I Terremoti Tettonici (o Terremoti Interplacca) sono i tipi di terremoto più comuni, che avvengono ai margini tra le placche tettoniche, ove si sviluppano le forze che vengono poi sprigionate improvvisamente durante il sisma.

La maggior parte dei terremoti si verifica, infatti, al margine di zolle, in zone che vedono lo scorrimento laterale di due placche, oppure il loro accavallamento (terremoti di subduzione).

Quasi tutti i terremoti che avvengono sulla superficie terrestre, dunque, sono concentrati in zone ben precise, vale a dire in prossimità dei confini tra due placche: queste sono infatti le zone tettonicamente attive, ossia dove queste si muovono più o meno lentamente o improvvisamente, le une rispetto alle altre, sotto la crosta terrestre e non tutte lungo la stessa direzione (o collidono o slittano reciprocamente lungo i bordi).

In generale, il movimento delle placche è lento, impercettibile (se non con strumenti appositi) e costante; tuttavia, in alcune zone, a causa di forze interne molto intense, pressioni, tensioni e attriti tra le masse rocciose, tali movimenti avvengono in maniera improvvisa e repentina sviluppando così il terremoto.

I terremoti di subduzione costituiscono quasi la metà degli eventi sismici più distruttivi e sono concentrati lungo la cosiddetta cintura di fuoco del Pacifico.

Le aree del mondo più soggette a questo tipo di eventi catastrofici, sono la costa ovest del Nord America, Gre-

cia, Italia, Turchia, Iran, Nuova Zelanda, Indonesia, Giappone e diverse zone della Cina.

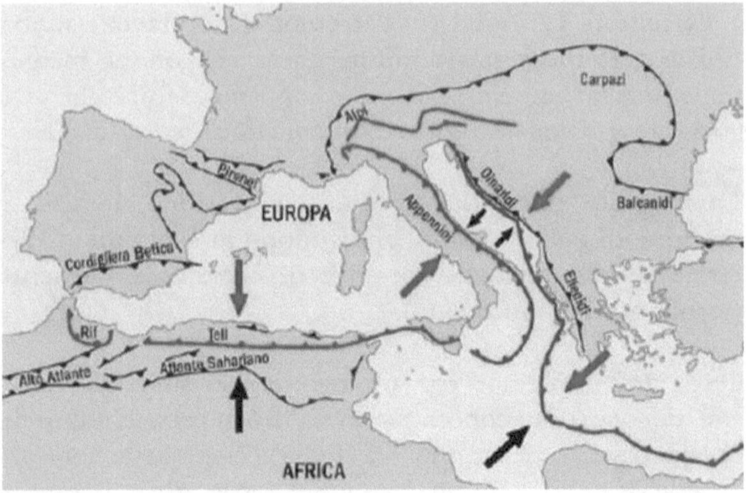

Siccome ci interessa da vicino, parliamo della **Tettonica del Mediterraneo**. Come illustra l'immagine di sopra, la linea rossa indica il margine di subduzione secondo cui la placca africana scorre al di sotto di quella euroasiatica.

Le frecce rosse indicano il movimento relativo della placca di tetto, le frecce nere quello della placca che va in subduzione. Questo scontro, in particolare intorno ai margini, genera sismicità, talora anche elevata (da "Disastri Naturali", Signorino. Mauro 2006).

Spero di non averti trasmesso troppa ansia con tutti questi disastri naturali! Ad ogni modo, pensa che parliamo sempre di intervalli di tempo enormi per la nostra percezione umana. Basti pensare che in confronto a queste tempistiche, l'uomo è praticamente nato ieri…

4.6. L'Atmosfera, come è cambiata nel tempo

L'atmosfera respirabile è un mix di azoto (78%), ossigeno (21%), argon (0,9%), tracce di anidride carbonica, idrogeno e vari elementi.

Sembra ormai certo che, ai primordi della storia della Terra, la composizione dell'atmosfera fosse molto diversa rispetto a quella attuale: vi erano, infatti, grandi quantità di gas leggeri come l'idrogeno (H_2) e l'elio (He), oggi presenti in quantità irrisoria; oltre, probabilmente, a rilevanti quantità di metano (CH_4), ammoniaca (NH_3) e azoto (N_2).

Poiché la temperatura era notevolmente superiore rispetto a quella odierna, tali gas acquistarono l'energia necessaria per vincere la forza di gravità e disperdersi nello spazio.

L'atmosfera primordiale deve poi aver subito dei cambiamenti ed essersi evoluta fino alla composizione attuale, a causa sia di fenomeni geologici sia di particolari eventi biologici.

In particolare, in seguito ai violenti impatti di meteoriti e alle eruzioni vulcaniche via, via sempre più frequenti, l'atmosfera si sarebbe arricchita di gas liberati dall'interno della Terra.

Alcuni componenti dell'atmosfera attuale sarebbero, invece, il prodotto di reazioni chimiche: ciò spiegherebbe la presenza di azoto, diossido di carbonio e vapore acqueo nelle quantità attuali.

L'ossigeno, invece, all'inizio potrebbe essersi formato, in piccole quantità, in seguito alla scomposizione del vapore acqueo sotto l'azione di scariche elettriche (parlando di estinzioni di massa...), oltre che per l'azione della radiazione solare nell'alta atmosfera.

Dopo la comparsa della vita sul pianeta, infine, l'atmosfera si è arricchita dall'ossigeno prodotto dalle piante, come conseguenza della fotosintesi clorofilliana.

La conversione fotochimica, cioè operata dalla luce, dell'ossigeno, diede origine alla formazione dello **"strato" di ozono**, fondamentale per la protezione delle forme di vita dalle radiazioni solari ultraviolette.

Per successiva condensazione del vapore acqueo in acqua piovana, nel corso di milioni di anni, si originarono poi gli oceani.

Ben lontano dalla stabilità, **l'evoluzione dell'atmosfera persiste anche oggi** e, negli ultimi secoli, la sua composizione ha subìto dei cambiamenti, soprattutto a causa di gas prodotti dall'attività umana, che provocano squilibri termici e problemi di inquinamento atmosferico a livello planetario.

4.7. Il bizzarro fenomeno dei "Terrapiattisti"

Ebbene sì, milioni di persone, ancora oggi, credono che la Terra sia piatta, che sia il Sole a girarle intorno, che l'uomo non sia mai stato sulla Luna e che gli Extraterrestri siano già tra noi. È il magico mondo dei **complottisti**, che imperversano sul web.

Per una persona di media cultura, così come per un appassionato di scienze, queste cose sono inconcepibili, perché rappresentano un insulto non solo alla Scienza ma soprattutto all'intelletto umano. Eppure questa gente esiste davvero ed è proprio convinta delle proprie idee.
Sono gli stessi delle **scie chimiche** e sono tutti coloro che hanno sempre pronta nel cassetto una teoria complottista, su ogni cosa. I complottisti sono sempre pronti a sbizzarrirsi piuttosto che uniformarsi alla massa. Per ogni episodio storico, loro hanno la loro teoria alternativa dei fatti. Tipo le Twin Towers, abbattute dagli stessi americani, ovviamente. Oppure, sono quelli che dicono che Elvis Presley sia ancora vivo, che Paul McCartney sia morto, ecc.

È inutile discutere con queste persone, perché loro non ragionano ma hanno ragione a priori. Quindi, appena capisci di avere di fronte un complottista, cambia strada e non perderci tempo. Ti verrebbe da ridergli in faccia e chiedergli se stia scherzando ma rischieresti di litigare brutalmente, quindi meglio evitare.

In conclusione, ricorda: i complottisti hanno sempre ragione...

4.8. Sai che la Terra viaggia nello Spazio?

La Terra si muove nello Spazio, ruotando su se stessa e intorno al Sole, come già discusso, anche se non siamo in grado di percepirlo.
Ovviamente, stando sulla superficie del nostro pianeta, solo guardando il cielo di notte possiamo intuire che ci stiamo muovendo.

Al nostro pianeta occorrono circa 365 giorni per completare un'orbita attorno al sole. Se guardiamo una stella (una di quelle che si trovano relativamente vicino a noi) in estate, e la osserviamo di nuovo in inverno, la sua posizione apparente nel cielo cambia, perché siamo in punti diversi della nostra orbita. Vediamo la stella da diversi punti di vista. Con un po' di semplici calcoli, usando la parallasse possiamo anche ricavare la nostra distanza da quella stella.

Quanto velocemente stiamo girando?

La rotazione della Terra è costante, ma la velocità dipende dalla latitudine in cui ci si trova.

Ecco un sapiente esempio: la circonferenza della Terra (nel suo punto più ampio, cioè l'equatore) è di circa 40.070 chilometri e un giorno è lungo 24 ore, dividendo questi due valori otteniamo una velocità equatoriale di circa 1.670 km/h.

Ad altre latitudini la velocità sarà minore. **La velocità continua a diminuire man mano che si avvicina ai poli**, dove la rotazione è davvero molto lenta, infatti, in quel punto la distanza da coprire è piccolissima.

Le agenzie spaziali sfruttano la rotazione della Terra, effettuando lanci verso lo spazio il più vicino possibile all'equatore e lanciando nella stessa direzione della rotazione terrestre. Così i razzi ottengono un aumento di velocità che li aiuta a sfuggire alla gravità.

Quanto velocemente la Terra orbita intorno al Sole?

La rotazione della Terra, ovviamente, non è l'unico movimento della Terra, essa, infatti, si muove nello spazio descrivendo un'orbita ellittica. La velocità con la quale il nostro pianeta percorre la sua orbita può apparire vertiginosa, infatti, è di circa 107.000 km/h.

La Terra, invece, percorre circa 2,6 milioni di km al giorno, a 107.226 km/h.

Esseri viventi e oggetti che stanno sulla Terra non percepiscono il movimento del pianeta perché sono solidali con tutto ciò che li circonda, un po' come quando si viaggia in aereo o in treno, comodamente rilassati in poltrona.

Immaginiamo di stare su una giostra che gira velocemente. Guardando solo la giostra e ignorando ciò che c'è intorno non ci si accorge del movimento. In mancanza di accelerazione, è soltanto in relazione al movimento dell'ambiente esterno che si riesce a percepire lo spostamento.

In realtà, non ci si accorge del movimento, solo perché noi lo percepiamo sempre e soltanto in relazione a qualcos'altro; è una questione di sistema di riferimento.

Anche il Sole e la galassia si muovono!

Ma non basta: anche il Sole ha un'orbita propria intorno al centro della Via Lattea, dove si trova *Sagittarius A**, l'enorme buco nero supermassiccio che domina la nostra galassia.

Il Sole si trova a circa 25.000 anni luce dal centro della galassia e la Via Lattea ha un'ampiezza di almeno 100.000 anni luce. Si pensa che il nostro sistema solare sia circa a metà strada dal centro della galassia.

Il Sole e il sistema solare sembrano muoversi a 200 chilometri al secondo o ad una velocità media di 720.000 km/h.

Anche a questa velocità, il sistema solare impiega circa 230 milioni di anni per percorrere un'orbita completa intorno al centro della Via Lattea.

Anche la Via Lattea si muove nello spazio rispetto ad altre galassie. Tra circa 4 miliardi di anni, la Via Lattea si scontrerà con la galassia più vicina: Andromeda. Le due galassie procedono verso la collisione percorrendo circa 112 km al secondo.

Rosina: Insomma, tutto nell'universo è in movimento! Ma dove starà andando di bello? ☺

I segreti svelati in questo capitolo

. I sistemi cellulari primordiali si sono formati quando non esisteva la terraferma sul pianeta.

. I meccanismi attraverso i quali si siano sviluppate le prime cellule non sono ancora chiari.

. È possibile che alcune molecole siano arrivate dallo spazio tramite i meteoriti.

. La nostra civiltà è a rischio: i pericoli potrebbero provenire dallo spazio, ma anche le aberrazioni climatiche potrebbero provocare un'estinzione di massa.

. Vi sono molti più vulcani negli abissi marini che in superficie.

. Parte dell'Italia è zona fortemente sismica perché si trova nel punto d'incontro di due faglie.

. Tutto si muove… tranne i terrapiattisti.

5. L'ESPLORAZIONE SPAZIALE

5.1 Le Origini dell'Astronomia

Fin dai testi risalenti alle piramidi, si legge di astronomia (XXV-XXIII secoli a.C.) e la storia è ricca di tributi all'astronomia, come le strutture megalitiche **Stonehenge**, presso qualsivoglia cultura antica.

I megaliti Stonehenge, eretti tra il 3100 a.C. e il 1600 a.C, in Inghilterra

Nel mondo antico si cercava di comprendere i cambiamenti della volta celeste per capire le stelle, i cambiamenti stagionali, il giorno, la notte e le fasi lunari.

In corrispondenza di questi cicli, sono state introdotte le unità di tempo come le conosciamo ora: l'anno, il mese e il giorno.

I nostri antenati divennero portati a credere all'idea che i movimenti celesti fossero anche associati ad altri fenomeni terreni, influenzandone la storia, e che fossero uno strumento per predire gli eventi più importanti, come la nascita di re, guerre, carestie, epidemie, e così via.

La dipendenza da questo tipo di fattori ha in un certo senso contribuito in modo significativo allo sviluppo dell'**astronomia scientifica**, che prendeva, però, in esame anche altri fenomeni, come le eclissi, la caduta di meteoriti e le comparse di comete.

5.2. Differenze tra Astrologia e Astronomia

L'Astronomia è la scienza che studia gli astri, i loro movimenti e fenomeni ad essi collegati.

L'astrologia, che ha invece origini meno antiche (è conosciuta da circa duemila anni) **afferma**, sulla base di misurazioni scientifiche, **di poter prevedere il futuro dell'uomo**. Questa pretesa si fonda sulle credenze religiose dell'epoca in cui si sviluppò.

I primi astrologi, infatti, conoscevano solo cinque pianeti (Mercurio, Venere, Marte, Giove e Saturno). Pensavano che si trattasse dei reali corpi fisici degli dei, immaginando che il loro movimento, sullo sfondo creato dalle costellazioni (rappresentazioni immaginarie di figure mitiche), fosse determinante per il destino dell'uomo.

Per molti secoli, queste due discipline andarono a braccetto, fino a quando **i progressi fatti dall'astronomia permisero di intuire che l'astrologia fosse una superstizione basata su credenze errate**: la Terra non è al centro del cosmo, bensì il nostro sistema solare è eliocentrico.

Inoltre, dall'invenzione del cannocchiale in poi, avendo così la possibilità di osservare il cielo, si nota che vi è un'assoluta totale non rispondenza fra le mappe astrologiche con ciò che si osserva effettivamente in cielo.

L'astronomia ha permesso di studiare stelle e galassie lontane, l'astrologia è rimasta ferma a osservare un cielo immobile, fermo ai principi di duemila anni fa.

Oggi sappiamo che tutte le costellazioni zodiacali sono sempre presenti nel cielo, in qualunque periodo dell'anno, e **vi è una tredicesima costellazione sull'eclittica che è l'Ofiuco.**

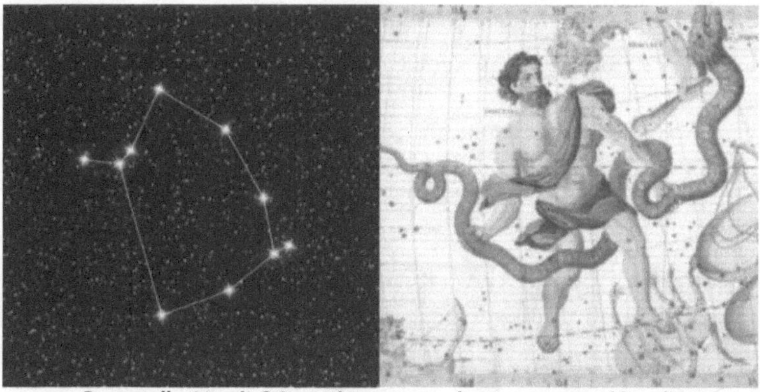

La costellazione di Ofiuco, il presunto tredicesimo segno zoddiacale

Oltretutto, esistono numerose teorie astrologiche diverse e spesso contrastanti fra di loro e molte fanno capo alla filosofia, che è cosa diversa ancora.

Attenzione: non sto dicendo che sia sbagliato. Io sto solo elencando dei dati di fatto, ognuno di noi, poi, molto liberamente, può seguire e appassionarsi a qualsivoglia filone o teoria.

Io stessa pur essendo uno scienziato, ogni tanto mi faccio sedurre da argomenti esoterici e dal misticismo. Non nutro alcuna pregiudiziale nei confronti di chi si occupa di astrologia.

Semplicemente **l'astronomia è una scienza, mentre l'astrologia non lo è.**

5.2.1. Il metodo scientifico

Su cosa si basa il metodo scientifico?

Metodo sperimentale: ogni affermazione e teoria scientifica deve essere in accordo con i risultati degli esperimenti e delle misurazioni.

Tutti i risultati sperimentali devono essere presi in considerazione, non solo quelli favorevoli alla teoria che si vuol sostenere.

Attenzione: non si deve ricorrere al principio di autorità in maniera totalmente acritica.

Cosa vuol dire?

1. Un'affermazione è vera perché così è scritto sulle Sacre Scritture.
2. Un'affermazione è vera perché così dice un personaggio di rilievo nella società.
3. Un'affermazione è vera perché lo dicono tutti!
4. Un'affermazione è vera perché così dicono gli "esperti".
5. Un'affermazione è vera perché così dicono i media.

E così via.

Questo non significa che non ci debba fidare di nulla e di nessuno; non esistono autorità infallibili, il fatto che una data affermazione provenga da una di quelle autorità, non deve essere per forza però veritiera.

Astrologi, maghi, guaritori e altri consimili, fanno uso massiccio del principio di autorità e soprattutto della selezione dei risultati.

Prendiamo questo esempio: un astrologo prevede che il giorno X/Y/Z i nati sotto il segno del Gemelli incontreranno una persona che non vedevano da tempo; e il giorno dopo il nostro astrologo esibisce, a conferma della sua previsione, dieci persone che hanno effettivamente incontrato una conoscenza di lunga data.
Ecco, non è una prova.
E i nati sotto il segno dei Gemelli che non hanno incontrato proprio nessuno? Chissà quanti…

Per verificare seriamente queste previsioni, si dovrebbe prendere un campione scelto a caso di persone nate sotto il segno dei Gemelli e verificare la percentuale che ha visto realizzata la previsione dell'astrologo.
Inoltre, si dovrebbe anche considerare un campione di persone nate sotto un altro segno (gruppo di controllo) e calcolare anche qui la percentuale. Solo se la percentuale del primo gruppo fosse molto superiore a quella del secondo, si potrebbe pensare a una qualche connessione tra previsione e realtà.
È quasi superfluo ricordare che ogni volta che si sono fatti controlli seri sulle affermazioni di astrologi e maghi, si sono trovate percentuali molto simili a quelle del gruppo di controllo.

Vi faccio un altro esempio.
Vi ricordate quando abbiamo parlato della Luna?
La Luna non cambia le sue caratteristiche né per il segno dei Gemelli o qualsiasi altro segno, rimane tale per quanto concerne il suo movimento nello spazio, la sua composizione, le fasi, le maree: è uguale per tutti su questa Terra.

A volte si fa un po' di confusione con i termini e si tende ad accorpare concetti e tematiche, intendendo di trovare per forza una correlazione con la filosofia.

Io credo che occorra tenere certe tematiche separate.

L'astronomia si occupa dei moti celesti in chiave scientifica, la filosofia di tutt'altro.

Io posso legittimamente parlare del cosmo in termini filosofici, ma non posso in alcun modo prevaricare la scienza, che mostra dati di fatto. Poi io, Carla, posso anche dire che, dal punto di vista filosofico ed esoterico, la Luna rappresenta il principio femminile e il Sole quello maschile; che io mi possa rispecchiare di più nel pensiero di Hegel, che non in quello di Kant, ma poco importa.

C'è ancora così tanto da scoprire…

Molto che nel passato veniva considerato magia adesso è scienza, e in futuro saremo in grado di spiegare con la scienza alcuni concetti che ad oggi hanno solo carattere mistico.

Nei miei romanzi di carattere fantascientifico o distopico, c'è sempre una componente mistico-religiosa. Io non posso far torto a nessuno, men che meno a me stessa, nel rispetto delle altrui opinioni, sempre.

5.3. Le Grandi Scoperte del Passato

Questo è, a parer mio, l'elenco delle scoperte più significative che hanno cambiato il modo di vivere degli esseri umani e anche il modo di pensare.

1. L'invenzione della scrittura

Il primo sistema arcaico si sviluppò in Mesopotamia e si serviva di canne e bastoncini affilati per incidere i dati sulle giacenze, su tavolette di argilla bagnata. Tutte le parole scritte, dai sonetti di Shakespeare, fino all'email che hai inviato stamattina, risalgono a quel sistema di contabilità agricola che scaturì da quei primi insediamenti rurali.

2. Il boom della stampa

Nel 1440 nacque la stampa, grazie a un orafo di Mainz, una città del Sacro Romano Impero.
Johannes Gutenberg sviluppò un sistema di caratteri di metallo mobili, che andavano inseriti in un torchio tipografico tradizionale, rendendo possibile la stampa di più copie, a grande velocità. Entro la fine del XV secolo, macchine da stampa analoghe si diffusero anche nell'Europa Occidentale, producendo quasi 20 milioni di pubblicazioni.

3. La teoria dell'evoluzione di Darwin

Charles Darwin nel testo "L'origine delle specie" (1859), afferma che tutte le specie si sono sviluppate attraverso la selezione naturale e lievi variazioni ereditarie che aumentano la capacità di un individuo di competere, sopravvivere e riprodursi.

4. La scoperta delle radiazioni

Marie Curie è la prima donna ad aver vinto il Premio Nobel e, tuttora, la sola ad averlo vinto per due discipline diverse, chimica e fisica.
Curie viene spesso definita la "madre della fisica moderna" perché scoprì nel 1898, polonio e radio. Si sapeva ben poco sulla radioattività e i suoi effetti, ai tempi in cui la Curie conduceva la sua attività, senza alcuna protezione, dai raggi dannosi. I suoi quaderni sono a tutt'oggi talmente contaminati, che sono conservati in scatole foderate di piombo, presso la *Bibliotheque Nationale* di Parigi.

5. L'introduzione della catena di montaggio

Introdotta per la Ford Model T, nel 1913, la catena di montaggio suddivideva il processo di produzione di un'automobile in 45 passaggi, con un lavoratore per passaggio. Ogni lavoratore sarebbe stato in grado di portare a termine il proprio compito più velocemente, riducendo i tempi di produzione di un'automobile a 93 minuti, rispetto alle precedenti 12 ore e più.

6. La produzione di antibiotici

Nel 1928, il batteriologo scozzese *Alexander Fleming* notò che i batteri non crescevano in alcune capsule, dette di Petri, che erano state involontariamente contaminate con la muffa *Penicillium Notatum.* Incuriosito, fece sviluppare la muffa in forma pura e scoprì che il liquido risultante era in grado di distruggere i ceppi di batteri più comuni!
Si deve alla produzione di massa di penicillina il salvataggio di centinaia di migliaia di vite durante la seconda guerra mondiale e chissà quante altre da allora. Tuttavia, molti batteri sviluppano resistenza alla penicillina e ad altri antibiotici

comuni, per cui fare ricerca in campo farmacologico è di vitale importanza.

7. La nascita del World Wide Web

Il *World Wide Web* (Internet, banalmente) fu sviluppato come sistema di condivisione di file, per gli scienziati al lavoro presso il laboratorio fisico del CERN, a Ginevra.
Guidato da *Tim Berners-Lee*, nel 1990, questo team internazionale di ricercatori, utilizzò un computer NeXT per ideare il primo browser web al mondo. In meno di 30 anni, siamo passati da modem dial-up e computer desktop, agli smartphone e a ricerche ad attivazione vocale. Da allora, Internet la fa da padrone in politica, economia e nella vita sociale di tutti i giorni.

Per quanto concerne le più grandi scoperte in campo astronomico, ne discuteremo nel capitolo dedicato.

5.4. Le origini dell'Esplorazione Spaziale: USA vs RUSSIA. I primi esperimenti spaziali

La gara tecnologica fra USA e Russia (all'epoca Unione Sovietica, URSS) iniziò formalmente il 4 ottobre del 1957, quando i russi lanciarono il primo satellite artificiale: **Sputnik 1**.

Lo Sputnik 1, il primo satellite spaziale

Il "bip" emesso dal satellite fu una vera sorpresa per gli statunitensi e, di fatto, segnò l'inizio dell'era spaziale.

Appena un mese più tardi, l'Unione Sovietica mandò in orbita lo **Sputnik 2** con a bordo la cagnolina **Laika**, che sopravvisse al decollo, ma morì subito dopo, a causa dello stress e al surriscaldamento del velivolo.

La dolce Laika; la sua triste storia inorridisce gli animalisti

Nel 1960, venne ripetuto l'esperimento con i cani **Belka e Strelka**, stavolta con successo.

Belka e Strelka, in orbita con lo Sputnik 5

I due cani trascorsero una giornata nello spazio a bordo del Korabl-Sputnik-2 (Sputnik 5) il 19 agosto 1960, orbitando per 18 volte attorno al pianeta, riuscendo infine a tornare sani e salvi sulla Terra.

Erano accompagnate da un coniglio grigio, 42 topi, 2 ratti, mosche e un gran numero di piante e di funghi. Tutti gli animali sopravvissero. Erano le prime creature della Terra, ufficialmente, ad andare in orbita e a ritornare vive. In realtà, sia Unione Sovietica che USA avevano già condotto precedentemente degli esperimenti. **I primi esseri viventi in assoluto ad essere lanciati con un razzo nello spazio dalla NASA, infatti, furono dei moscerini della frutta.**

Rosina, hai altre storie curiose da raccontarci su animali astronauti?

Certo, capitano! Prima di Laica, i russi avevano già lanciato in via sperimentale molti altri cani, però per voli sub-orbitali.
In particolare, ***Dezik e Cygan*** *furono, in assoluto, i primi cani a partire per un volo sub-orditale, fino a un'altitudine di 110 km, nel* ***1951****. Entrambi ritornarono sulla Terra sani e salvi. Dezik, poi, volò ancora, a distanza di pochi mesi, questa volta in compagnia del cane Lisa, ma entrambi morirono. Nel 1954, volarono un'altra Lisa insieme al cane* ***Ryzik****.*

Curiosa la storia del cane Bolik, che dopo aver concluso con successo l'addestramento, scappò pochi giorni prima del volo! Venne sostituito con un altro cane, arruolato al volo nei dintorni della base, senza addestramento, denominato ZIB (cifrato "Sostituto dello scomparso Bolik") e la sua missione si concluse con successo.

Ancora, il cane ***Otvaznaya*** *(trad. Coraggiosa), v con il suo simile* ***Snezinka*** *(trad. Fiocco di neve) e con il coniglio* ***Marfusa****. In seguito, tra il 1959 e il 1960, Coraggiosa fece ancora altri 5 voli.*

Addirittura i cani astronauti **Albina e Cyganka**, *vennero espulsi in volo dalla loro capsula, dall'altitudine di 85 km, ed atterrarono illesi.*

Incredibile anche la storia delle cagnoline spaziali **Damka e Krasavka**, *che nel 1960 compirono un volo sub-orbitale che registrò una serie di incidenti e imprevisti, tanto che precipitarono e la loro navicella venne ritrovata sommersa dalla neve. I soccorritori provarono a recuperarle di notte ma non riuscirono al primo tentativo e pensarono che si fossero ghiacciate a -45°. La mattina seguente, invece, sentirono miracolosamente abbaiare e così riuscirono ad estrarle ancora vive, per un lieto fine della storia.*

Oltre ai suddetti, ancora altri cani furono lanciati dai sovietici in voli sub-orbitali ma **Laica fu la prima ad essere lanciata per un volo orbitale.**
Dopo Laica, volarono diversi altri cani e animali, fino al volo record, del ***1966***, *di* **Veterok e Ugolek**, *che stettero in orbita per ben 3 settimane, record di durata tuttora imbattuto per gli animali astronauti.*

Francobollo dedicato a Ugolek e Veterok

Gli USA non potevano più di stare dietro le quinte e così lanciarono il razzo **Vanguard** il 6 dicembre del 1957, che fu un totale fiasco.

Trascorsi due mesi, si tentò con l'**Explorer 1**: il primo successo a stelle e strisce.

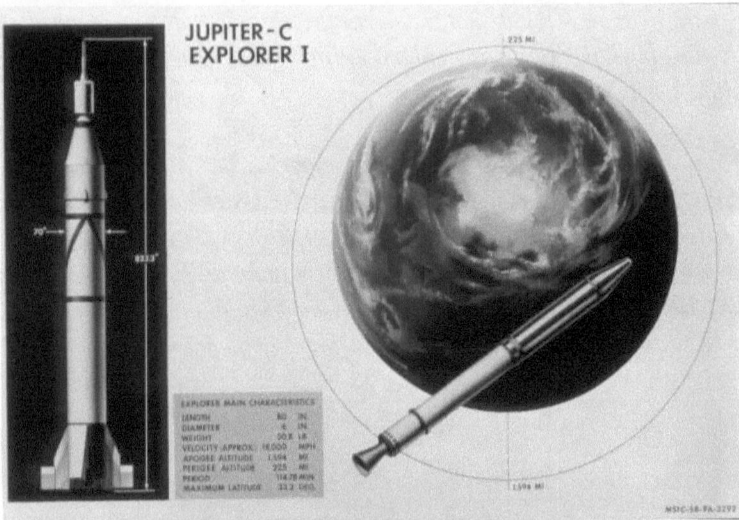

Scheda dell'Explorer 1

Il 29 luglio del 1958 venne fondata la NASA.

La Russia, che a sua volta non poteva starsene con le mani in mano, lanciò, il 12 aprile del 1961, **Yuri Gagarin**, con la navetta **Vostok I**: è **il primo uomo nello spazio!**

Per ironia della sorte, Gagarin morì a soli 34 anni, per un banale incidente aereo

Qualche settimana dopo, il 5 maggio 1961, lo statunitense Alan **Shepard** a bordo del **Mercury 3**, fece il primo volo suborbitale: 1 a 1 palla al centro.

Solo pochi giorni più tardi, il 25 maggio 1961, il presidente americano **John Kennedy**, annunciò al Congresso l'inizio del **Programma Apollo**, destinato portare l'uomo sulla Luna, entro dieci anni. Intanto, erano appena partiti con il **programma Gemini** per sperimentare la fattibilità.

Ma chi è stato il primo a raggiungere l'orbita?
John Glenn, il 20 febbraio del 1962 (**Mercury 6**).
Perché da 3 a 6? In mezzo ci sono progetti ed esperimenti falliti o non realizzati completamente.
Nonostante i successi americani, furono, però, ancora i sovietici a stabilire un nuovo primato: il 16 giugno 1963, **Valentina Tereshkova fu la prima donna cosmonauta.**

Valentina Tereshkova, la prima donna nello spazio (1963)

Gli USA risposero con la **Mariner 4** in rotta verso Marte (28 novembre 1964).

Il 27 gennaio 1967 l'Apollo 1 si incendiò durante un'esercitazione presso la rampa di lancio. Il suo equipaggio, formato dagli astronauti Virgil Grissom, Edward White e Roger Chaffee, perse la vita.

Nel Natale 1968, l'**Apollo 8** entrò in orbita lunare e in quello stesso anno i sovietici lanciarono in orbita lunare i primi animali, due tartarughe, sulla capsula **Zond 5**.

Lo sbarco sulla Luna, il 20 luglio 1969, segnò il coronamento della vita di Neil Armstrong, ma fu anche e soprattutto un evento epocale nella storia dell'umanità, destinato a contraddistinguere l'apice della **corsa allo spazio** fra Stati Uniti e Unione Sovietica.

Neil Armstrong, il primo uomo sulla Luna (1969)

I sovietici non si arresero e cominciarono a lavorare alla prima stazione spaziale, la **Salyut**: era il 19 aprile 1971.

La Salyut 1, in una raffigurazione artistica dell'epoca

Solo qualche anno dopo ci furono le prime aperture alla collaborazione: **il simbolo della fine della guerra fredda spa-**

ziale fu, nel luglio 1975, l'aggancio fra Apollo 18 e Soyuz 19 nella prima missione spaziale congiunta Usa-Urss.

Il "bacio spaziale" Apollo-Soyuz, in una raffigurazione artistica dell'epoca

5.6. Jurij Gagarin e i primi uomini nello spazio

Il 12 aprile 1961, alle 9:07 ora di Mosca, **Gagarin** pronunciò il suo famoso "poyekhali!" (andiamo!) e il vettore **Semyorka** partì, per lanciare in orbita bassa la minuscola e claustrofobica **Vostok 1**, che ospitava Yuri al suo interno.

Pochi minuti dopo, alle 9:12, quasi al limite dell'atmosfera, le prime parole pronunciate, così lontano dalla superficie, da un vero pioniere: "*Vedo la Terra... è magnifica!*".

Dopo un volo di circa 108 minuti che prevedeva una singola orbita del pianeta, Gagarin rientrò a Terra con un paracadute, dopo essere stato espulso a circa 7.000 metri di quota. Questo particolare venne tenuto segreto per diversi anni, per timore che il volo non venisse omologato perché incompleto.

Rosina, puoi dirci qualcosa di più al riguardo?

Volentieri! Dopo questa storica impresa, a Gagarin non fu mai più permesso di tornare nello Spazio, nonostante ne avesse desiderio: per i sovietici era diventato un simbolo per l'Unione Sovietica e non potevano permettersi di fargli rischiare la vita in una nuova missione.
Dopo qualche anno di celebrazioni, festeggiamenti pubblici, e sregolatezze, Gagarin si rimise in forma e tornò a chiedere insistentemente alle autorità di poter riprendere almeno a pilotare aerei: nel 1968 gli venne revocato il divieto di volo e fu riqualificato come pilota di jet.
Il 27 marzo 1968, durante una missione di addestramento, il suo MiG entrò in avvitamento ad alta velocità e si schiantò al suolo.
Le circostanze dell'incidente vennero messe a tacere e l'indagine divenne un segreto di Stato, alimentando anche le solite teorie complottistiche.
Dai documenti declassificati cinquant'anni dopo, emerge una sorta di banalità legata all'evento: "forse" una brusca manovra, per evitare un

pallone meteorologico, o anche l'effetto di turbolenza provocato dalla scia di un altro aereo molto più grande.
Sapete cosa dicevano i complottisti? Che a Gagarin fu concessa una seconda missione nello spazio, nella quale morì!

Sheperd e Glenn, come abbiamo visto nel paragrafo precedente, furono invece i primi americani nello spazio.

5.7. L'Uomo sulla Luna!

Erano le 22:17 circa del 20 luglio 1969, tu non eri ancora nata ed io non ero ancora sposata, anche se tuo padre lo conoscevo già. Il telecronista Tito Stagno parlava in diretta proprio mentre la sala di controllo dello Space Kennedy Centre esultava con applausi e braccia in alto. Il modulo lunare Eagle si appoggiava sul suolo lunare.

"L'aquila è atterrata", diceva alla radio Neil Armstrong. Buzz Aldrin, il compagno di viaggio: "atterraggio molto tranquillo". Michael Collins, il terzo uomo, si trovava a bordo del modulo di comando che aveva sganciato l'Eagle alle 17 del pomeriggio.

Dopo vari interventi, per evitare che l'Eagle finisse proprio in qualche cratere del Mare della Tranquillità, atterrarono sani e salvi. Procedettero, quindi, a controllare i sistemi di bordo (la loro vita dipendeva da quello) e a farsi uno spuntino.

Armstrong aprì per primo il portellone, raggiunto poi da Aldrin.
Ricordo tutto… la discesa dalla scaletta, difficoltosa, come tutto il resto, ovvio. E la frase che rimarrà nella storia e pronunciata da Armstrong: "**un piccolo passo per l'uomo, un grande passo per l'umanità**".

5.8. Le esplorazioni Apollo

Il **programma Apollo** venne condotto interamente dalla **NASA**, con lo scopo di andare sulla Luna, e si svolse fra il 1961 e il 1975; fu il terzo programma spaziale di voli umani, dopo **Mercury** e **Gemini**.

Questo obiettivo fu realizzato pienamente durante la missione **Apollo 11**, quando, il **20 luglio 1969**, gli astronauti **Aldrin e Amrstrong** atterrano sulla Luna.

Apollo 11 fu seguita da ulteriori sei missioni, l'ultima nel dicembre 1972, che portarono un totale di dodici uomini a camminare sul nostro satellite naturale.

La navicella spaziale era denominata Apollo e il razzo vettore Saturn; vennero utilizzati anche per i programmi **Skylab e Apollo-Soyuz** (operazione congiunta USA-Russia).

Diciamo che questi programmi successivi fanno sempre parte della medesima missione.

Si ricorda il triste incendio sulla rampa di lancio di **Apollo 1**, nel corso di una simulazione, che causò la morte di tre astronauti: **Grissom, Grice e Chaffee**.

Non fu l'unico incidente: durante il viaggio verso la Luna di **Apollo 13**, nel 1970, si verificò un'esplosione sul modulo di servizio, che impedì agli astronauti di andare sul satellite e li costrinse ad un rischioso rientro sulla Terra.

Il programma stimolò progressi in molti settori tecnologici (avionica, informatica, telecomunicazioni). Molti oggetti e manufatti del programma sono esposti in luoghi e musei dedicati all'esplorazione spaziale (in particolare presso il *National Air and Space Museum* di Washington).

La sala di controllo della missione Apollo 13

Curiosità: in questa foto vedi i tipici computer anni '60, progenitori dei nostri PC, ma devi sapere che essi facevano molto scena ma dietro di essi c'erano tante donne che lavorarono in modo febbrile per effettuare manualmente i calcoli necessari, ininterrottamente e in tempo reale!

Il programma Apollo ha riportato a terra 381,7 kg di campioni (pietre e altro materiale dalla Luna), molti di questi sono conservati al *Lunar Sample Laboratory Facility* di Houston.

Grazie a tecniche radiometriche, **sappiamo che le rocce raccolte sulla Luna sono molto più vecchie rispetto alle rocce trovate sulla Terra**: si va dall'età di circa 3,2 miliardi di anni per i campioni basaltici prelevati nei mari lunari ai circa 4,6 miliardi per i campioni provenienti dagli altopiani.

Esse rappresentano campioni provenienti da un periodo molto precoce nello sviluppo del Sistema Solare e quindi mancanti sulla Terra.

L'analisi della composizione dei campioni lunari ha sostenuto l'ipotesi che la Luna si sia formata in seguito ad un impatto tra la Terra e un oggetto molto grande proveniente dallo spazio.

Ci sarebbe molto da dire dal punto di vista tecnico sulla progettazione dei moduli e sulle tecniche di allunaggio, ma temo non sia questa la sede più indicata.

Chissà, magari, ci rivedremo su un prossimo manuale **sull'esplorazione spaziale!** Che ne pensi?

5.9. Le missioni Voyager: un disco nello spazio!

Scopo della missione Voyager è l'esplorazione del sistema solare interno. Sono state lanciate nel 1977 due sonde: **Voyager 1 e Voyager 2.**

Entrambe le sonde, inizialmente, hanno osservato **Giove e Saturno.** La sonda Voyager 1 ha osservato anche **Urano e Nettuno**, sfruttando un prezioso allineamento planetario che si verificò proprio alla fine degli anni settanta.
Grazie ai dati ottenuti da Voyager 2 su Nettuno, sappiamo che **non possono esistere pianeti massicci oltre l'orbita di Plutone.**

Fra i dati utili forniti, vi è la caratterizzazione dell'**eliopausa**, la regione in cui la pressione esercitata dalle particelle di vento solare diminuisce, fino diventare pari a quella delle particelle provenienti dall'esterno del sistema solare.

Sia Voyager 1 che Voyager 2, sono tuttora in viaggio nello spazio!

Infatti, a differenza delle sonde del **Programma Pioneer**, ormai non più funzionanti, **entrambe le sonde Voyager continuano a trasmettere dati alle stazioni a terra**, essendo ormai **in viaggio verso l'esterno del sistema solare.**

Sono dotate di batterie termoelettriche a isotopi radioattivi, in funzione fino al 2025, anche se diversi strumenti sono stati via, via disattivati per ridurre l'assorbimento di energia.

Le due sonde sono state costruite presso il **JPL (Jet Propulsion Lab)**, struttura della **NASA.**

Rosina, hai qualcosa da aggiungere sulla missione Voyager?

Sì, Capitano, ho una curiosità molto interessante!
A bordo di ognuna di esse si trova una copia del **Voyager Golden Record**, *un disco registrato, che contiene immagini e suoni della Terra, insieme a una selezione musicale. Sulla custodia del disco, anch'essa metallica, sono incise le istruzioni per accedere alle registrazioni, in caso venissero ritrovate da una qualche civiltà aliena, oltre a una mappa, indicante la posizione del nostro pianeta!*

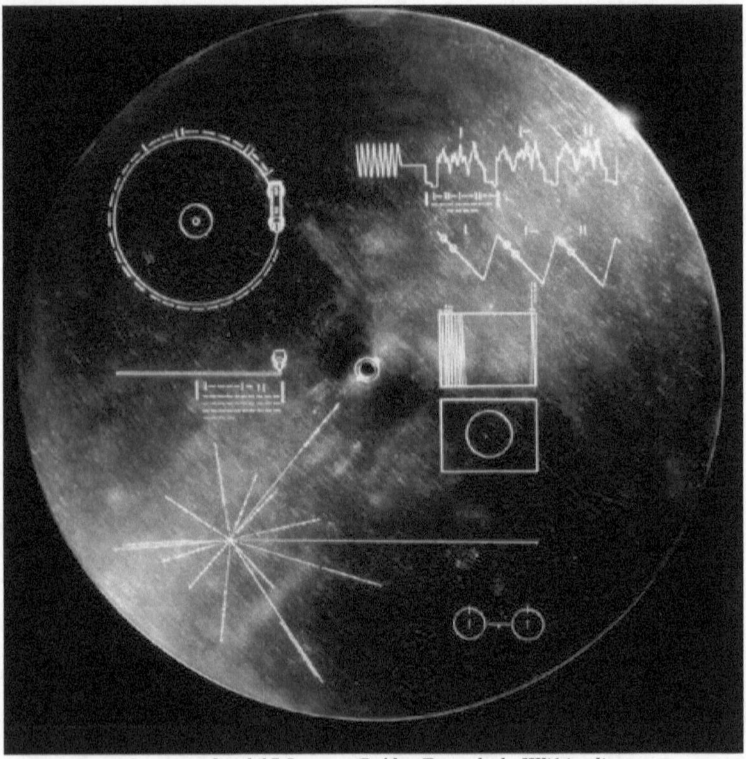

La custodia del Voyager Golden Record, da Wikipedia

5.10. Rosetta, a cavallo di un asteroide

Rosetta NON è una missione americana, ma dell'**ESA (Agenzia Spaziale Europea)**. La data di lancio è il 2004 e si è conclusa nel 2016.

L'obiettivo della missione è stato lo studio della cometa 67P/Churyumov-Gerasimenko.

La cometa Churyumov-Gerasimenko

Rosetta è il nome della sonda e Philae, il lander, ossia modulo di atterraggio; il 12 novembre 2014, Philae si trovava sulla superficie della cometa 67P/Churyumov Gerasimenko. La missione si è conclusa dopo quasi due anni, il 30 settembre 2016, con lo schianto programmato dell'orbiter sulla cometa e con la successiva disattivazione del segnale.

Attenzione: la missione sarebbe dovuta partire il 12 gennaio 2003, per raggiungere la 46P/Wirtanen nel 2011. Tuttavia, i progetti dovettero essere modificati, quando l'**Ariane 5**, il vettore di Rosetta, fallì un lancio l'11 dicembre 2002.
Così, i nuovi progetti previdero il raggiungimento nel 2014 della cometa 67P/Churyumov-Gerasimenko.

La sonda Rosetta doveva entrare in un'orbita molto lenta intorno alla cometa e progressivamente rallentare la sua orbita, fino ad arrestarla, in modo da prepararsi alla discesa del lander, il quale è atterrato sulla cometa con una velocità di 1 m/s (3,6 km/h). Appena raggiunta la superficie, un sistema di arpioni avrebbe dovuto ancorarlo alla superficie, in modo da impedirgli di rimbalzare nello spazio. A causa di un problema tecnico, per assicurare il lander alla cometa, sono state utilizzate, invece, alcune trivelle.

Dopo essersi attaccato alla cometa, il lander avviò alcune analisi scientifiche, come:

. caratterizzazione del nucleo;
. determinazione delle componenti chimiche presenti;
. studio delle attività della cometa e dei suoi tempi di sviluppo.

La sonda fu battezzata con il nome latino di Rosetta, per ricordare la stele di Rosetta, come ti avevo già accennato.

La sonda Rosetta fa da anello di congiunzione tra i meteoriti, che gli scienziati possono studiare sulla Terra, e il nostro sistema solare, che le comete attraversano di continuo.

Il lander è stato battezzato Philae, dal nome latino di un'isoletta sul Nilo, File, dove venne ritrovato, nel 1817, un obelisco con iscrizioni in greco e geroglifici da Giovanni

Belzoni. L'obelisco fu utile, assieme alla stele, per la decifrazione dei geroglifici.

La sonda Rosetta ha inviato centinaia di immagini della cometa.

Il 3 ottobre 2014, l'ESA ha rilasciato pubblicamente il modello 3d della cometa, ottenuto tramite le varie immagini scattate a distanza ravvicinata dalle telecamere **OSIRIS** e **NVCAM**.

Marte, fotografato da Osiris

Philae si era ritrovato in una posizione dalla quale fu impossibile prelevare dati dalla cometa; a causa di ciò si è deciso di attendere fino ad agosto 2016, data in cui i raggi solari avrebbero potuto raggiungere i pannelli solari della sonda, che si sarebbe potuta così riattivare e ruotare su sé stessa, andando a contatto con una parete del crepaccio della cometa 67P/Churymov-Gerasimenko, riuscendo così a prelevare dei nuovi dati. Purtroppo, le batterie non si sono potute ricaricare abbastanza per questo scopo.

Il lander Philae era dotato del sistema SD2 (Sample Drilling and Distribution), che aveva lo scopo di raccogliere i campioni del suolo e di trasferirli, all'interno della sonda, ai diversi dispositivi che eseguono le analisi in-situ.

È stata riscontrata la presenza di ben 16 componenti organiche tra cui: composti del carbonio e dell'azoto, l'isocianato metile (CH_3NCO), l'acetone (C_3H_6O), la propionaldeide e l'acetamina. Si tratta di molecole mai rilevate prima d'ora su di una cometa.

In contemporanea, con il dispositivo Phtolemy, è stato analizzato l'ambiente gassoso, attraverso i tubi posti al di sopra del lander, rilevando le principali componenti del gas della chioma: vapore d'acqua, biossido di carbonio e, una serie di composti organici, contenenti carbonio in piccole quantità, come la formaldeide.
Come è noto, questi composti giocano un ruolo chiave nella sintesi prebiotica degli amminoacidi, degli zuccheri e dei nuclei basici: sono gli **ingredienti della vita**. L'esistenza di molecole così complesse in una cometa, considerata una **"reliquia" degli inizi del Sistema Solare**, descrivono alcuni fondamentali processi chimici, che hanno avuto luogo in quella fase.

Rosina: ecco a cosa serve studiare le comete!

5.11. Il programma Space Shuttle

Il ciclo spaziale dello Space Shuttle, sebbene ad oggi concluso, rappresenta un periodo storico della navigazione spaziale.

Lo **Space Transportation System (STS)**, comunemente noto come Space Shuttle, è stato un **sistema di lancio spaziale parzialmente riutilizzabile** della NASA.

Lancio di uno Space Shuttle, da Wikipedia

Con lo Space Shuttle, grazie al suo pioneristico concetto di riutilizzabilità, la NASA sperava ridurre notevolmente i costi per la navigazione spaziale, tuttavia, la complessità del progetto, i problemi relativi alla sicurezza e i costi operativi di funzionamento (500 milioni di dollari per lancio), hanno progressivamente disatteso queste aspettative, fino alla sua definitiva dismissione nel 2011.

Nel suo ciclo di vita, lo Shuttle ha effettuato, comunque, ben 135 lanci, a partire dal 1981, con ben 30 anni di carriera, 133 lanci di successo e 2 tragicamente falliti.

Proprio i fatali incidenti del **Challenger (1986)** e del **Columbia (2003)**, per un totale di 14 morti dell'equipaggio, probabilmente hanno contribuito, anche a livello di opinione pubblica, alla definitiva chiusura del progetto.

Ma come avvennero questi tragici incidenti, Rosina?

Beh, il Challenger aveva già effettuato con successo 9 missioni, a partire dal 1983. Purtroppo, quella tragica mattina del 28 gennaio 1986, si è dimostrato che le condizioni climatiche fossero troppo avverse a causa del freddo, così una guarnizione cedette, causando la fuoriuscita di gas, con relativo cedimento strutturale ed esplosione dello Shuttle, appena decollato. Morirono tutti i 7 membri dell'equipaggio, tra cui una docente, che avrebbe dovuto fare lezione dallo spazio.

Il Columbia, invece, non esplose in fase di lanciò, bensì, in fase di rientro. Aveva compiuto ben 27 missioni, a partire dal 1981, fino alla sciagura del 2003, trascorrendo in orbita ben 300 giorni totali.
La mattina del 1° febbraio 2003, il Columbia stava rientrando in atmosfera dopo una missione scientifica di 16 giorni. Il motivo della sciagura è addebitabile a un foro generatosi sull'ala sinistra dello Shuttle, durante la sua partenza. Questo foro, del diametro di circa 25 cm, durante il rientro, determinò un indebolimento tale della struttura, da cau-

sarne la disintegrazione, a causa delle enormi forze aerodinamiche interagenti con l'astronave, durante le fasi di rientro sulla Terra.

Qual è l'eredita del **Programma Space Shuttle**, Rosina?

Beh, in anni recenti, ad opera della ***SpaceX*** *di* ***Elon Musk****, il* ***concetto di riutilizzabilità dei mezzi spaziali*** *è stato ripreso, tanto che sono stati realizzati con successo, dei* ***razzi capaci di riatterrare****, per essere nuovamente adoperati. Questo, assieme ad ulteriori accorgimenti ingegneristici, abbatterà notevolmente i costi di navigazione spaziale.*

5.12. Altre Missioni Spaziali storiche

Oltre alle succitate, ecco una panoramica di altre importantissime missioni spaziali.

Le sovietiche **Mars 2 e Mars 3** erano sonde gemelle, entrambe costituite da un orbiter e da un lander. Mentre il modulo di atterraggio della missione precedente, precipitò sulla superficie di Marte, il lander di Mars 3, il 2 dicembre 1971, toccò con successo il suolo del pianeta rosso, divenendo, così, il primo veicolo a giungere, integro, sulla superficie marziana.

Nel 1976 le sonde **Viking** della NASA, entrarono nell'orbita di Marte e entrambe inviarono un lander, che effettuò con successo un atterraggio morbido: queste due missioni inviarono le prime immagini a colori e dettagliati dati scientifici.

Nel 1988 l'Unione Sovietica lanciò **Phobos 1 e 2**; Phobos 2 ha fotografato Marte e il suo satellite Phobos, ma poi la missione è fallita.

La sonda Mars Pathfinder, mandò il primo rover sulla superfice di Marte! Atterrò il 4 luglio 1997. La zona di atterraggio era un'antica pianura fluviale nell'emisfero nord (Ares Vallis), una delle zone più rocciose del pianeta.
La sonda comprendeva un altro piccolo rover, controllato da remoto (**Sojourner**), che aveva il compito di viaggiare per alcuni metri attorno al sito di atterraggio e studiare le rocce.

Rosina, perché questa missione è così importante?

Perché fino al momento dell'ultima trasmissione il 27 settembre 1997, il Mars Pathfinder, inviò 16500 immagini dal lander e 550 immagini dal rover, oltre a 16 analisi chimiche delle rocce e del suolo e dettagliati dati sui venti e altri fattori meteorologici. Questi dati suggerirono che in qualche momento del passato, il pianeta potrebbe essere stato caldo e umido, oltre che aver posseduto acqua allo stato liquido e un'atmosfera più densa.

Dopo i successi del Global Surveyor e del Pathfinder, tra il 1998 e il 1999, c'è stata una serie di fallimenti: il giapponese **Nozomi**, Il **Mars Climate Orbiter**, Il **Mars Polar Lander** e i **Deep Space 2** della NASA.

Poi ci sono le **sonde Pioneer** (Luna inizialmente e alcuni pianeti).

Infine, la sonda **New Horizons**, sviluppata dalla NASA per l'esplorazione di **Plutone** e del suo satellite **Caronte**. Il suo lancio è avvenuto il 19 gennaio 2006 da Cape Canaveral e il sorvolo di Plutone ha avuto luogo il 14 luglio 2015.

5.13. L'Italia in the Space

Ti chiederai, probabilmente, **qual è il ruolo dell'Italia, nell'ambito dell'esplorazione spaziale?**

Beh, intanto **l'Italia è uno dei più importanti membri dell'ESA**, che è l'agenzia spaziale europea, ossia la NASA del vecchio continente.

L'ESA è stata fondata nel 1975 e coordina i progetti spaziali dei 22 paesi europei membri. Il suo quartier generale è a Parigi ma ha uffici anche a Mosca, Bruxelles, Washinghton ed Houston.

Lo spazioporto dell'ESA è il Centre Spatial Guyanais a Kourou, nella Guyana francese, un sito scelto, come tutte le basi di lancio, per via della sua vicinanza con l'equatore.

L'Italia, in anni recenti, svolge un ruolo fondamentale all'interno del progetto **VEGA (Vettore Europeo di Generazione Avanzata)**, specializzato per il trasporto in orbita di piccoli satelliti.

Il primo volo di Vega è avvenuto nel 2013 ed ha portato in orbita nove satelliti, tra cui l'italiano **LARES**. Tutti i voli di Vega hanno avuto successo, ad esclusione del 15°, nel 2019, e del 17°, nel 2020.

Tra i progetti futuri più importanti dell'ESA, ricordiamo **LISA (Laser Interferometer Space Antenna)**, una sonda spaziale che dovrà rilevare e misurare con precisione le onde gravitazionali, direttamente dallo spazio. LISA sarà formata da una costellazione di tre veicoli spaziali, disposti in un triangolo equilatero con lati lunghi 2,5 milioni di chilometri, che volano lungo un'orbita eliocentrica simile alla Terra. La distanza tra i satelliti verrà monitorata con precisione, per rilevare un'onda gravitazionale che passa al suo interno.

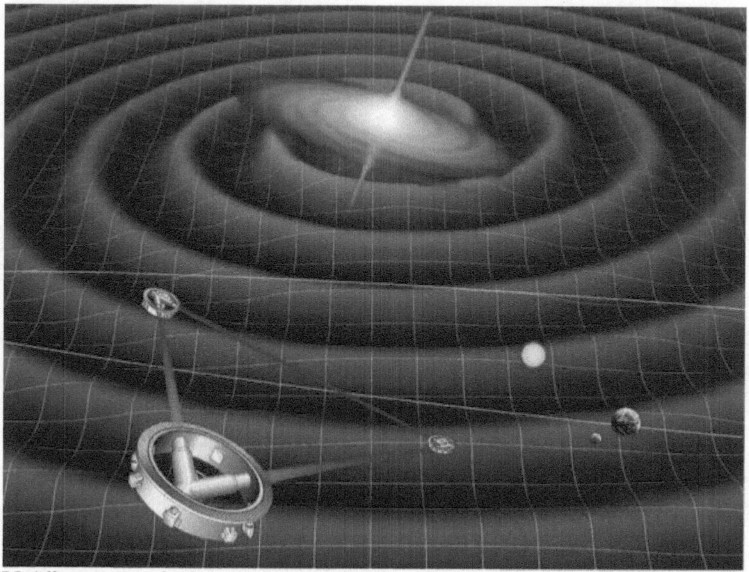

Un'illustrazione che dimostra come LISA dovrebbe intercettare le onde gravitazionali

Rilevando le onde gravitazionali, LISA darà un contributo importantissimo, nello studio dei buchi neri, delle stelle di neutroni, e di teorie astronomiche fondamentali, come quella del Big Bang.

Ma l'Italia possiede anche una propria agenzia spaziale nazionale, che è l'**ASI**, **Agenzia Spaziale Italiana**, fondata nel 1988. Tuttavia, l'Italia è stata attiva a livello spaziale, anche prima dell'ASI. Ricordiamo, infatti, la creazione del **Centro Spaziale Luigi Broglio**, in Kenya, da cui sono stati lanciati i **satelliti San Marco**, a partire dal 1967.

Razzo Scout-B1 con satellite Ariel 5 sulla piattaforma di lancio San Marco,1974

L'Italia, inoltre, ha contribuito alla progettazione di svariati satelliti (anche in collaborazione con la NASA), tramite l'ASI, oltre ad aver prodotto svariate apparecchiature (strumentazione) per l'ESA.

L'ASI vanta anche numerose collaborazioni con altri enti ingegneristici e aerospaziali per moduli e altra componentistica (quali *SpaceLab* e *Thenia Alenia Space*).

I segreti svelati in questo capitolo

. Non c'è alcuna rispondenza di ciò che osservabile in cielo con quanto viene affermato dall'astrologia, le tematiche trattate dell'una e dell'altra divergono.

. I primi tentativi di passeggiate nello spazio furono intrapresi da equipaggi sovietici.

. Laika fu il primo cane lanciato nello spazio ma prima di lei, i russi avevano lanciato già diversi altri cani in voli suborbitali, oltre i 100 km di altitudine.

. Il primo uomo nello spazio, il russo Jurij Gagarin, morì in circostanze poco chiare.

. L'allunaggio da parte di Armstrong e Aldrin nonostante il successo è stata una missione ad alto rischio.

. Grazie alla missione Rosetta abbiamo scoperto che gli ingredienti della vita arrivano dallo spazio.

. Il programma Space Shuttle ha dato il là al concetto di riutilizzo dei mezzi spaziali.

. L'ASI è l'Agenzia Spaziale Italia, la cui base di lancio si trova in Kenya, presso il Broglio Space Center (BSC).

. L'Italia ha compartecipato con il razzo Vega alla conquista dello Spazio.

. LISA potrebbe cambiare le sorti dell'Astronomia e della Fisica in generale.

6. IL FUTURO DELL'ESPLORAZIONE SPAZIALE

6.1. L'uomo su Marte

Condizione necessaria e sufficiente per consentire ad una colonia di sopravvivere sul pianeta Marte, è la presenza sia in atmosfera che al suolo, di elementi chimici preziosi, quali ossigeno, azoto, idrogeno e carbonio. In un lontano passato, il pianeta Marte era caldo, con l'acqua che vi scorreva in superficie.

È possibile raggiungere la sua orbita, nonostante la notevole distanza dalla Terra, al massimo in 9 mesi, sfruttando una traiettoria che consenta di risparmiare più combustibile possibile.

Sappiamo grazie alle missioni marziane tuttora in corso, che l'acqua è abbondante nelle calotte polari e nelle zone ombreggiate dei crateri, anche a bassa latitudine.
L'apertura della finestra di lancio è di circa 26 mesi.

Rosina, ci dai qualche informazione tecnica in merito?

Certo, mio Capitano! Il lancio deve avvenire quando il piano orbitale del veicolo bersaglio interseca il sito di lancio e la finestra di lancio è solitamente istantanea.

I periodi di lancio sono periodici secondo il **periodo sinodico** *(che, come sappiamo, è il tempo che impiega un oggetto, osservato dalla Terra, per ritornare nella stessa posizione del cielo, rispetto al Sole).*

Nel caso di Marte si parla di 2,135 anni, cioè 780 giorni. Ogni 780 giorni, dunque, si può sfruttare un periodo di lancio di uno o più mesi, con finestre di lancio di alcune ore ogni giorno.

Vi possono essere casi fortuiti di rare opportunità, come quando la Voyager 2 ha approfittato di un allineamento planetario, che avviene ogni 175 anni, per andare su Giove, Saturno, Urano e Nettuno.

Qualora si perdesse l'opportunità, nulla vieta di cambiare bersaglio. Ad esempio, quando un problema ritardò il lancio di Rosetta sulla cometa 46P/Wirtanen, si dovette scegliere un nuovo obiettivo, cioè: la cometa 67P/Churyumov-Gerasimenko.

Nonostante i progressi nel campo dell'elettronica e dell'informatica, utilizzati dai dispositivi robotici che sono stati lanciati nelle varie missioni e che hanno consentito di raccogliere dati scientifici preziosi, **l'invio di un equipaggio sul suolo marziano comporterebbe numerosi vantaggi**, tipo l'identificazione visiva del contesto geologico di campioni, effettivamente utile dal punto di vista scientifico.

Inoltre, l'utilizzo di robot a distanza, ha prodotto grosse limitazioni legate al ritardo tra l'invio del comando e la sua esecuzione in situ (da 10 a 20 minuti), a causa dalla distanza tra Terra e Marte.

Purtroppo, **le scoperte nel campo della propulsione spaziale vanno a rilento rispetto all'elettronica**: per questo e per altri motivi, l'invio di uomini su Marte è un obiettivo molto più complicato dell'atterraggio di un equipaggio sulla Luna.

Come avverrebbe, a grandi linee, lo svolgimento di una missione avente come scopo il trasporto di umani sul pianeta rosso?

Si inizierebbe con il lancio di velivoli che dovrebbero rimanere "parcheggiati" in sosta su un'orbita più bassa, in attesa di partire al momento giusto.

Cosa significa? Queste astronavi verranno assemblate al raggiungimento della traiettoria ottimale (i lanciatori non sarebbero in grado di inviare tutti quei mezzi nello stesso momento).

Per allontanarsi dalla gravità della Terra sarebbe necessaria solo una velocità di 3,82 km/s: 3,22 km/s per raggiungere la ***velocità di fuga*** *(16) e ulteriori 0,6 km/s per raggiungere il punto di trasferimento o di non ritorno tra la Terra e Marte.*

La nave entrerebbe in un'orbita marziana bassa, decelerando di 2,3 km/s. Una nave di ritorno resterebbe in orbita e l'equipaggio utilizzerebbe un'altra nave per scendere.

Per atterrare su Marte è necessario ridurre la velocità da 4,1 km/s a 0, se possibile; sarebbe preferibile non utilizzare carburante, sfruttando resistenze aerodinamiche, paracaduti di frenata, perché **Marte offre un minimo di atmosfera**.
Il modulo lunare Apollo è dovuto atterrare sulla Luna con l'ausilio di razzi proprio per l'assenza di una atmosfera.

Per rientrare sulla Terra, processo inverso: l'equipaggio lascerebbe il suolo marziano con un veicolo che deve raggiungere una velocità di 4,1 km/s, per giungere in orbita bassa con un successivo trasbordo sulla nave di ritorno, rimasta in atmosfera, la quale dovrebbe accelerare di 2,3 km/s per raggiungere l'orbita terrestre.

Il viaggio di ritorno durerebbe da 180 a 430 giorni, a seconda degli scenari, e terminerebbe con il rientro in un'orbita terrestre bassa.

Una ipotetica colonia marziana. Rappresentazione artistica, da SpaceX

Negli anni 1990, **Robert Zubrin** propose il progetto **Mars Direct**:, con solo 4 astronauti, con lo sfruttamento di risorse in situ, per produrre ossigeno e propellente (metano) per il viaggio di ritorno.

Questo progetto di Zubrin non venne mai approvato o finanziato ma fu utilizzato per produrre un documento, il **Mars Design Reference Mission**, che da allora viene aggiornato dalla NASA con le nuove scoperte scientifiche e le tecnologie, che nel frattempo diventano attuali.

Dal 2012 alcune aziende private hanno iniziato a pianificare le loro missioni umane su Marte, con l'idea di realizzarle indipendentemente o anche proponendo il progetto alla NASA come soluzione fattibile.
La NASA propose, allora, un bando ma le prime varie proposte non giunsero a realizzazione.

Rosina, raccontaci qualcosa in più.

Certo! Nel 2014 è stata la **Boeing** *a occuparsi di uno studio per la fattibilità del viaggio verso Marte, progettando sistemi di supporto vitale che includessero un simulatore di gravità artificiale e una schermatura contro le radiazioni cosmiche galattiche. La NASA ha fornito il finanziamento e, in caso, il progetto potrà essere realizzato entro il 2030.*

Un altro evento mediatico, nel 2016, ha catalizzato l'attenzione di molti appassionati, quando il magnate **Elon Musk**, *fondatore di* **SpaceX**, *aveva annunciato, al congresso internazionale di astronautica, l'intenzione di* **colonizzare Marte** *con un milione di persone in 40-100 anni.*

Nello stesso anno, **Lockheed Martin** *presenta* **Mars Base Camp**, *una stazione spaziale progettata per stare in orbita su Marte e fornire supporto per le spedizioni di equipaggio umano sulla superficie.*

E la **NASA**?

Ci sta lavorando. Un progetto prevede l'atterraggio sul satellite **Fobos** *nel 2033 e su Marte nel 2037, con l'uso di veicoli in fase di sviluppo, tra cui la navicella* **Orion**.

Space Launch System, *il lanciatore, è ancora in fase di sviluppo. Abbiamo ancora, una navicella a propulsione elettrica,* **SEP Tug**, *più lenta ma potente, per il trasporto di carichi pesanti tra l'orbita della Terra e quella di Marte. Infine,* **Deep Space Habitat**, *per il viaggio dell'equipaggio tra i due pianeti, nemmeno in fase di sviluppo; un modulo propulsivo chimico per il trasporto dell'habitat; un lander con modulo di ascensione per atterrare e ripartire dalla superficie di Marte.*

6.1.1. Terraformare Marte

Che significa terra formare Marte? Come dice il termine, significa effettuare una serie di lavori, per **rendere Marte più simile alla Terra, a livello di condizioni di vita.**

Terraformando Marte, **si faciliterebbe il suo processo di colonizzazione** da parte degli uomini.

Una rappresentazione artistica della terra formazione di Marte, da Wikipedia

Parliamo, comunque, di un progetto ancora allo stato assolutamente teorico, che, eventualmente, si attuerebbe in tempi lunghissimi (centinaia di anni).

Uno studio della **Planetary Science Division** della **NASA**, del 2017, ha ipotizzato che si potrebbe realizzare una magnetosfera artificiale su Marte ponendo uno **scudo magnetico dipolare** nel punto di **Lagrange L1** del pianeta. Questa operazione probabilmente renderebbe abitabile il pianeta.

Terraformare Marte sembra oggi fantascienza, ma dobbiamo ricordarci che in un futuro molto lontano, quando il Sole diverrà una Gigante Rossa, la Terra non sarà più abitabile, quindi giusto, sin da ora, iniziare a pensare ad eventuali piani di colonizzazione interplanetaria.

6.2. Colonizzare la Luna

I campioni di roccia e sabbia già riportati sulla Terra dalla superficie lunare, sfortunatamente, hanno dimostrato la quasi assenza degli elementi chimici essenziali per sostenere la vita. **L'Apollo 17, del 1972, fu l'ultima missione lunare della NASA** (la 18,19 e 20 furono annullate da Nixon).

Il rover guidato sulla Luna durante la Missione Apollo 17, da Wikipedia

Alcune delle maggiori agenzie spaziali prevedono un ritorno sulla Luna, con missioni umane, attorno al 2030: la NASA nel 2024, con il **programma Artemis**, in collaborazione con l'Agenzia Spaziale Cinese, l'ESA e Roscosmos (l'Agenzia Spaziale Russa).

L'Italia è stata tra i primi firmatari al mondo di questa sfida di cooperazione internazionale.

Nei decenni successivi alle missioni Apollo, l'interesse per l'esplorazione lunare è calato considerevolmente; tuttavia, la probabile presenza di ghiaccio ai poli lunari ha ridato impulso ai programmi.

Particolare interesse è stato dimostrato dalla Cina e gli Stati Uniti hanno risposto positivamente all'intenzione di tornare con un equipaggio sulla Luna entro il 2030 e di **realizzare sul lungo termine una base stanziale che faccia da trampolino per andare su Marte.**

Rosina, **quali sono i vantaggi di costruire una Base Spaziale sulla Luna?**

Beh, l'energia richiesta per lanciare oggetti dalla Luna verso lo spazio è molto inferiore a quella richiesta per eseguire la stessa operazione dalla Terra, il che permette alla Luna di fungere da sito di costruzione o stazione di rifornimento proprio per astronavi.
I prezzi della costruzione di una colonia lunare, inoltre, sarebbero molto inferiori rispetto a quelli di una colonia su Marte, nonostante si debba predisporre la costruzione di una struttura che protegga dalle radiazioni cosmiche in assenza di totale atmosfera.
Inoltre, il ritardo delle telecomunicazioni con la Luna è solo di pochi secondi, mentre, il ritardo con Marte va da otto a quaranta minuti circa. In caso di emergenze o situazioni critiche, questo sarebbe un notevole vantaggio.

Infine, sulla faccia vicina della Luna la Terra appare grande e sempre visibile e l'equipaggio di una colonia lunare soffrirebbe meno la distanza dal proprio pianeta natale.

Sulla superficie lunare si può costruire un eccellente **osservatorio astronomico**, poiché il satellite ruota così lentamente, che le osservazioni in luce visibile potrebbero durare giornate intere.

Sulla Luna potrebbero essere presenti ricchi giacimenti di minerali rari sulla Terra (come titanio, l'oro, palladio e iridio), ma anche comuni (come ferro, nichel, l'alluminio), dato che sulla sua superficie molti meteoriti (agglomerati d'asteroidi o comete), notoriamente abbondanti di questi minerali, arrivano pressoché intatti a causa dell'assenza d'atmosfera sull'estensione lunare. Dunque, **la Luna potrebbe rappresentare una ricchissima miniera** in futuro.

Sulla Luna è presente anche l'elio-3, che potrebbe essere utilizzato dalle centrali a fusione nucleare, rendendo il nostro satellite anche un proficuo serbatoio energetico.

Tuttavia, la nostra colonia dovrebbe superare alcuni ostacoli non di poco conto.
La lunga notte lunare che impedisce di far sempre affidamento all'energia solare e le temperature sono estreme. Un'eccezione a questa restrizione, sono alcuni rilievi posti in prossimità del polo nord lunare, che sono sempre illuminati e che potrebbero essere utilizzati per insediarvi una rete di centrali elettriche.
L'ossigeno (in forma gassosa) e altri elementi necessari per produrre aria respirabile, cibo e propellente, sono assenti e dovrebbero essere importati dalla Terra.

L'ossigeno lunare è il principale elemento costituente la **regolite** (il materiale che ricopre la Luna) ma l'energia richiesta per liberarlo è elevata.

Concept della NASA di una colonia lunare, da Wikipedia

È possibile che si possano recuperare tali elementi dai meteoriti o asteroidi, in un futuro non troppo distante, tuttavia queste possibilità sono ancora ipotesi e potrebbero non essere disponibili per una colonia lunare per molto tempo.

Una fonte di elementi leggeri (a parte la Terra) è Marte, quindi, la realizzazione di una colonia su Marte renderebbe più facile l'impresa, per una questione di interscambio di risorse.

Vi è, inoltre, incertezza su quanto la gravità lunare (un sesto della nostra) sia sufficiente a impedire i fenomeni di deperimento, a lungo termine, sull'organismo umano.

L'assenza di atmosfera, infatti, rende la superficie lunare vulnerabile alla radiazione cosmica e aumenta il rischio di impatto con meteore.

I primi colonizzatori lunari, dunque, saranno una sorta di cavie, poiché nonostante i vari esperimenti fattibili ex ante, il vero test per la salute sarebbe da farsi in loco.

6.3. Villaggi marziani

Una società chiamata **Interstellar Lab**, spera di costruire villaggi ispirati allo Spazio e, nel 2021, prevede di costruire una colonia per 100 persone nel deserto del Mojave in California per aiutare a preparare gli astronauti alla vita marziana.
I turisti potrebbero pernottarvi, per un prezzo compreso tra $ 3.000 e $ 6.000 a settimana.

Il piano della Interstellar per costruire un insediamento, è chiamato **Experimental Bioregenerative Station (EBIOS)**; il progetto prevede cupole di vetro per la coltivazione di alimenti e lussuose camere da letto per astronauti e visitatori.

Il prototipo del villaggio spaziale potrebbe essere usato per addestrare gli astronauti per la vita sul pianeta rosso o offrire ai turisti paganti una simulazione della vita lontano dalla Terra.

"*I due pianeti hanno una cosa comune*", ha dichiarato il CEO della società, in una nota. "*Ciò che dobbiamo portare su Marte per la vita è ciò che dobbiamo proteggere sulla Terra in questo momento.*"

Le stazioni avrebbero anche spazi abitativi, un centro di arte e musica e laboratori di ricerca.

L'intero insediamento è progettato per non avere impatto in termini di carbonio e non produrre sprechi. Acqua, cibo ed energia verrebbero riciclati e riutilizzati, in modo che gli abitanti possano vivere completamente fuori dal mondo.

La colonia può ospitare fino a 100 visitatori.

Essendo il deserto più arido del Nord America, il Mojave offre un clima ideale per simulare la vita su Marte.

All'inizio degli anni '90, un insieme di ecosistemi chiusi e spazi abitativi nel deserto dell'Arizona, chiamato **Biosphere 2**, aveva ospitato quattro uomini e quattro donne. **L'obiettivo era vedere come gli esseri umani potessero sopravvivere nello spazio**. Il gruppo ha vissuto all'interno per due anni e ha cercato di essere completamente autosufficiente.

Nel corso di questo esperimento, tuttavia, il cibo è diventato scarso e i livelli di ossigeno nella comunità sono diminuiti (in parte perché la materia organica nel suolo ha favorito la crescita di batteri affamati di ossigeno). Alla fine, i residenti si sono divisi in fazioni e alcuni si rivolgevano a malapena la parola (non ti ricorda il *Grande Fratello*?).

Negli ultimi mesi, Interstellar Lab ha lavorato con la NASA per identificare nuovi modi di coltivare piante e sperimentare la stampa 3D per il sito di Mojave.

"Un insediamento su Marte o sulla Luna, sostenibili nel lungo termine, saranno funzionali solo se effettuiamo adeguate le ricerche sulla Terra", ha dichiarato l'Interstellar, che intanto, sta anche cercando di costruire un altro insediamento sperimentale presso il *Kennedy Space Center* di *Cape Canaveral*, in Florida.

6.4. L'industria dello Spazio oggi

L'industria spaziale è oggi, più che mai, in forte fermento ed espansione e questo determinerà una notevole richiesta di personale specializzato negli anni a venire, tra astronauti, ingegneri e scienziati specializzati in varie discipline affini all'astronomia.

Se sogni di lavorare nel settore spaziale, sappi che questo è un momento storico molto propizio per accedervi e **diventare un astronauta non sarà più un sogno tanto proibito come lo è stato finora.**

L'industria spaziale, quindi, sta per vivere un vero e proprio boom, pari forse a quello dell'*automotive* nel XX secolo.

Rosina, ci spieghi il perché di questo fenomeno?

Subito! In primis, bisogna registrare l'ingresso in questo settore di nuovi players internazionali molto importanti e in forte sviluppo, come la Cina, l'India ed Emirati Arabi. Dunque, siamo ormai lontani dalla competizione da Guerra Fredda tra USA e Russia. Come si può facilmente intuire, la nuova corsa allo Spazio, ha oggi più che mai, fortissime connotazioni politiche, dato che colonizzare nuovi pianeti, significa accedere in futuro a infinite nuove risorse. Quindi, non è puro amore per le scienze e l'astronomia, bensì mero interesse economico. Una conquista che ha il chiaro sapore del potere economico e politico.

Oltre a questi interessi politici, bisogna sottolineare, al grido di "piatto ricco mi ci ficco", il crescente interesse di sempre più numerose aziende private, a caccia di nuovi mercati. E mentre SpaceX, con la sua forza innovatrice, rappresenta un po' quello che è stata la Apple per l'industria informatica, ed è già una importante realtà, la competizione si estenderà sempre di più a ulteriori nuovi entranti, come la **Blue Origin** di **Jeff Bezos**, il noto fondatore di Amazon.

6.4.1. Il caso SpaceX del visionario Elon Musk

Per la sua forte matrice innovativa, abbiamo paragonato SpaceX alla prima Apple. Beh, in questa ottica ci sta anche paragonare il suo patron, Elon Musk al compianto Steve Jobs. Entrambi, infatti, hanno un potere molto raro: la genialità coniugata alla visionarietà ma supportate da una solida concretezza nella realizzazione dei propri progetti.

L'imprenditore visionario Elon Musk, fondatore di SpaceX

Elon Musk è anche l'uomo che sta rivoluzionando, con **Tesla**, il settore dell'automotive, credendo più di ogni altro nell'innovazione tecnologica, sia dal punto di vista dello sfruttamento dell'energia elettrica al posto dei carburanti classici, sia per il concetto di auto-guida.

Ma Elon Musk non è solo SpaceX e Tesla. È anche colui che ha creato, da giovane, PayPal, prima di venderla per svariati milioni di dollari, ed è stato un prodigio, dato che a soli 12 anni, da autodidatta, ha prodotto e commercializzato un videogioco da lui stesso programmato.

Si potrebbe scrivere un intero libro sulla figura di Elon Musk, per stimolare migliaia di imprenditori e aspiranti tali.

Ma ritornando a SpaceX, Rosina, puoi farci ripercorrere le tappe della sua recente storia?

Con piacere, Capitano! Dunque, SpaceX è stata fondata nel 2002, ed ha sede in California.

La sua mission è l'obiettivo ***creare le tecnologie per ridurre i costi dell'accesso allo spazio e permettere la colonizzazione di Marte.***

L'azienda ha già sviluppato i lanciatori Falcon 1, Falcon 9 e Falcon Heavy e le capsule Dragon e Dragon 2, per il trasporto di cargo e astronauti da e verso la Stazione Spaziale Internazionale.

SpaceX detiene già diversi storici primati, tra cui:

. il primo razzo privato a raggiungere orbita (il Falcon 1 nel 2008);
. il primo lancio di una navicella spaziale privata con l'obiettivo di metterla in orbita e recuperarla (la Dragon nel 2010);
. la prima navicella spaziale di una compagnia privata al servizio della Stazione Spaziale Internazionale (la Dragon nel 2012);
. il primo atterraggio propulsivo per un razzo (il Falcon 9 nel 2015) con relativo riutilizzo (nel 2017);
. la prima automobile in orbita intorno al Sole (la Tesla Roadster lanciata su un Falcon Heavy nel 2018);
. la prima compagnia privata a mandare astronauti sulla Stazione Spaziale Internazionale (la missione Crew Dragon Demo-2).

La Tesla di Elon Musk, con a bordo un manichino, in viaggio nello spazio

Tutto questo non è strabiliante, mio Capitano?

Assolutamente sì, carissima Rosina, **bisogna fare il tifo per Elon Musk**. È grazie a personaggi come lui che l'umanità fa passi da gigante in avanti. **L'umanità ha bisogno di grandi visionari e sognatori**, come Steve Jobs e lui, appunto.

In tutto ciò, **la NASA favorisce lo sviluppo di queste nuove compagnie spaziali private**, anche per favorire lo sviluppo dell'economia spaziale, per abbattere sempre di più i costi di gestione, finora esorbitanti per le economie dei singoli Paesi protagonisti della corsa allo Spazio. Come dire, l'unione fa la forza.

La NASA ha ritrovato così l'autonomia per lanciare i propri uomini nello Spazio, senza più dipendere dai russi e dalla Soyuz. Riprende, così, slancio una nuova corsa che farà tappa prima sulla Luna e poi su Marte.

La NASA ha in programma di portare, quanto prima, un nuovo equipaggio sula Luna, utilizzando un modulo privato, commissionato a una compagnia spaziale privata, tra **SpaceX, Blue Origin e Dynetics**. La Nasa ha destinato quasi un miliardo di dollari solo per la fase di sviluppo dei tre veicoli concorrenti. Il programma prende il nome di *Artemis*. Questo servirà come addestramento per andare su Marte.

A spingere la capsula diretta verso la Luna sarà un modulo di servizio europeo (compartecipazione italiana). Altre tecnologie all'avanguardia del nostro continente, molte italiane, sono servite e serviranno alla NASA, per fare rotta sempre più lontano. Assieme a europei, canadesi e giapponesi stiamo sviluppando **Lunar Gateway**, una nuova stazione spaziale da costruire questa volta attorno alla Luna. Nel frattempo, si continuerà ad esplorare con sonde e robot, come stanno facendo i cinesi da qualche anno, sbarcati per primi con un rover sul lato nascosto della Luna.

6.4.2. Il Turismo Spaziale

All'interno della nuova industria spaziale, un posto molto importante lo reciterà il nascente settore del Turismo Spaziale. Pur essendo un fenomeno ancora agli albori, ci sono già stati dei casi isolati di **viaggi spaziali**, a scopo di intrattenimento, finanziati dagli stessi privati, al costo di svariati milioni di dollari. Per intenderci, il turismo spaziale è oggi roba da sceicchi ma in futuro potrebbe essere qualcosa di accessibile a molte più persone. Attenzione, parliamo sempre di ricchi, non di persone comuni ma **Elon Musk ha promesso che a regime la SpaceX potrebbe offrire viaggi spaziali anche a 250.000 dollari**.

Il primo turista spaziale è stato l'uomo d'affari statunitense **Dennis Tito**, che pagando **20 milioni di dollari**, nel 2001 ha soggiornato una settimana sulla **Stazione Spaziale Internazionale (ISS)**.

Dennis Tito, il primo turista spaziale della storia, da Wikipedia

Il volo spaziale è, dunque, oggi ritenuto un settore commerciale interessante da parte di diverse compagnie private. Oltre alla già citata SpaceX, sono state fondate numerose altre imprese tra cui: **Space Adventures, Virgin Galactic, Blue Origin, Bigelow Aerospace, Starchaser, Armadillo Aerospace, XCOR Aerospace, Rocketplane Limited,** ecc.

Tra le più interessanti nuove proposte, segnaliamo i **moduli abitativi spaziali pressurizzati** della Bigelow. Un concept sicuramente pioneristico ma decisamente interessante, soprattutto sul piano dei costi.

Prototipi di moduli Bigelow del 2011, da Wikipedia

6.5. Alcune missioni contemporanee

Tra le missioni spaziali più recenti, degne di particolare menzione, ti segnalo le seguenti 4:

. **Parker Solar Probe** (analisi del Sole e del vento solare), il più veloce oggetto costruito dall'uomo: 692000 km/h!

. **InSight**, (Interior Exploration using Seismic Investigations, Geodesy and HeatTransport) è una missione spaziale per l'esplorazione di Marte sviluppata dalla NASA, il cui lander è atterrato sulla superficie di Marte, più precisamente nella regione vulcanica di Elysium Planitia, il 26 novembre 2018. Obiettivo della missione è investigare sulla struttura interna di Marte.

. **Juno** è una missione NASA che sta studiando il campo magnetico gioviano, attraverso una sonda in orbita polare. Lanciata il 5 agosto 2011, si tratta della prima missione diretta su Giove usare pannelli solari anziché di generatori termoelettrici a radioisotopi.

. **New Horizons** (NASA) per l'esplorazione di Plutone e del suo satellite Caronte. Lanciata il 19 gennaio 2006 dalla base di Cape Canaveral; il sorvolo di Plutone ha avuto luogo il 14 luglio del 2015.

Altri suoi obiettivi sono: lo studio dell'atmosfera dei due corpi celesti al variare del tempo; l'analisi ad alta risoluzione di alcune zone di Plutone e Caronte; l'analisi ionosferica e delle particelle cariche; la ricerca di atmosfera attorno a Caronte; lo studio dei quattro satelliti minori *Stige, Notte, Cerbero* e *Idra*; la ricerca di eventuali satelliti o anelli sconosciuti.

La missione prevede, inoltre, che la sonda continui il viaggio nella fascia di Kuiper. Il primo gennaio 2019, la sonda ha incrociato l'orbita dell'asteroide *486958 Arrokoth* (noto anche come *Ultima Thule*) nella fascia kuiperiana, sorvolando ad una distanza mini a di 3500 km.

Curiosità: La sonda contiene una parte delle ceneri di Clyde Tombaugh, l'astronomo che nel 1930 scoprì Plutone, oltre ad un cd-rom con i nomi di 434000 persone che si sono iscritte al progetto, due monete, due bandiere degli Stati Uniti e un francobollo del 1991 che recita: "Plutone: non ancora esplorato".

6.6. Le missioni più attese dei prossimi anni

Tra le nuove missioni, da segnalare il **James Webb Space Telescope**, che promette di fornirci immagini come nessun telescopio hai mai fatto prima. In tal senso, parliamo del probabile erede tecnologico dello storico telescopio spaziale Hubble, le cui immagini rimarranno indimenticabili, prima fra tutte la celeberrima "*Deep Field*", che ha ampliato per sempre gli orizzonti dell'esplorazione spaziale.

Nel 2023, assisteremo al ritorno di **OSIRIS-Rex**. Lanciata nel 2016, questa missione della NASA ha il compito di esplorare l'asteroide Bennu, un oggetto di circa 500 metri di diametro. A ottobre del 2020 ha messo al sicuro i campioni di regolite prelevati mediante braccio robotico al suolo. Dopodiché, nel 2023, quando le condizioni orbitali saranno ottimali, lancerà una piccola sonda contenente il campione in direzione della Terra.

Nel 2024, parte l'attesissimo **Programma Artemis**: uomini e donne saranno di nuovo sulla Luna, per creare una colonia

Nel 2025, avremo una casa attorno alla Luna: **Lunar Gateway** sarà, infatti, una stazione spaziale che orbiterà attorno al nostro satellite, per fungere da ponte fra le basi lunari e il nostro pianeta. Nel 2025 è previsto il lancio del modulo abitativo in cui gli astronauti potranno soggiornare per settimane.

Intorno al 2030, sono previsti i primi uomini su Marte! Chi arriverà per primo? Elon Mask, la NASA o… ?

6.7. La Stazione Spaziale Internazionale (ISS)

La ISS è la Stazione Spaziale Internazionale, in orbita terrestre bassa, dedicata alla ricerca scientifica e gestita congiuntamente da cinque diverse agenzie spaziali: la NASA, la russa RKA, l'ESA, la giapponese JAXA e la canadese CSA-ASC.

La ISS è storica perché è la prima stazione spaziale orbitante oltreché un nuovo manifesto della cooperazione internazionale per la ricerca, dopo i tristi anni della competizione tra USA e Russia, caratteristici della Guerra Fredda.

La ISS, fotografata nel 2010. Fonte Wikipedia

Le sezioni di cui è composta sono gestite da centri di controllo missione a terra, resi operativi dalle varie agenzie spaziali che partecipano al progetto.

Viaggia a una velocità media di 27600 km/h, completando 15,5 orbite al giorno e viene mantenuta in orbita ad un'altitudine compresa tra 330 e 410 km dal livello del mare.

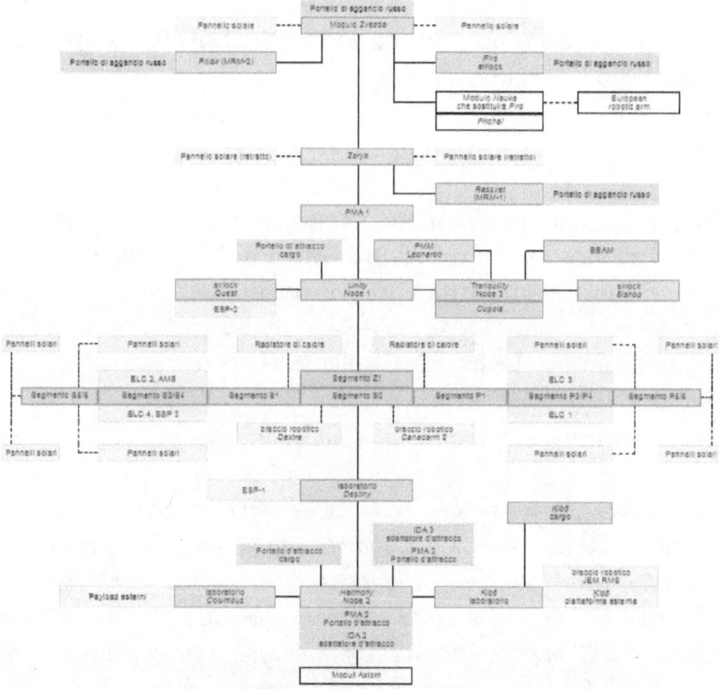

Schema strutturale della ISS, in tutti i suoi moduli (da Wikipedia)

Dal 2000 è abitata continuativamente da un equipaggio variabile tra 2 e 7 astronauti.

Il suo equipaggio internazionale è in continua rotazione e diversi astronauti sono tornati più volte sulla ISS.

Il suo obiettivo è quello di sviluppare e testare tecnologie per l'esplorazione spaziale, sviluppare tecnologie in grado di mantenere in vita un equipaggio in missioni oltre l'orbita terrestre e acquisire esperienze operative per voli spaziali di lunga durata, nonché servire come un laboratorio di ricerca in un ambiente di microgravità, in cui gli equipaggi conducono esperimenti di biologia, chimica, fisica, medicina e compiono osservazioni astronomiche e metereologiche.

Dunque, la ISS è un importantissimo **laboratorio spaziale**, nonché una preziosa "palestra" sperimentale per gli astronauti, impegnati in essa per lunghi soggiorni in assenza di gravità.

Tra gli astronauti italiani che hanno lavorato al progetto ISS, annoveriamo **Umberto Guidoni, Paolo Nespoli, Luca Parmitano e Samantha Cristoforetti**.

Rosina, hai qualche curiosità sulla ISS?

Ehm, come potrei non averne, mio Capitano?!? ☺

Innanzitutto, dobbiamo dire che la ISS è stata lanciata nello spazio a partire dal 20 novembre 1998, quindi è da un bel po' in servizio. Ovviamente, essendo modulare, è stata sviluppata direttamente in orbita, nel tempo. Il 2 novembre 2020 sono stati celebrati i 20 anni dell'uomo a bordo della Stazione Spaziale: il primo equipaggio si è insediato il 2 novembre 2000. La missione della ISS dovrebbe durare circa 30 anni in totale.

Tra i principali obiettivi scientifici, la ricerca sulla ISS ha migliorato le conoscenze degli effetti sul corpo umano della permanenza nello Spazio a lungo termine. Gli studi si sono concentrati sull'atrofia muscolare, sulla perdita di tessuto osseo e sulle dinamiche dei fluidi. I dati conclusivi, in merito, saranno utilizzati per determinare se la colonizzazione dello spazio e voli umani di lunga durata siano fattibili.

Ad esempio, già a partire dal 2006, i dati sulla perdita di massa ossea e muscolare, rendicontati dalla ISS, hanno suggerito che ci sarebbe un significativo rischio di fratture e problemi di circolazione se gli astronauti atterrassero su un pianeta dopo un lungo viaggio interplanetario (come ad esempio un viaggio della durata di sei mesi, necessari per raggiungere Marte). Del resto, gli astronauti che rientrano sulla Terra, dopo un lungo soggiorno sulla ISS, non sono subito in grado di camminare ma hanno bisogno prima di effettuare una adeguata fisioterapia. Questo è, senz'altro, un problema da risolvere, oltre a quello delle radiazioni a cui, per troppo tempo, gli astronauti si esporrebbero attraverso un lungo viaggio interplanetario, rischiando di ammalarsi di cancro.

La Terra ammirata dalla ISS, da Wikipedia

6.8. Le scoperte spaziali applicate alla tecnologia

Ecco un elenco delle tecnologie a nostra disposizione, derivanti da scoperte fatte nel settore spaziale, senza andare troppo nel dettaglio, per non annoiarci con troppa tecnica.

Dal punto di vista tecnologico annoveriamo:

. *sensori d'immagine per le fotocamere;*
. *stabilizzatori per aeroplani;*
. *ottimizzazione del segnale GPS;*
. *tessuti con polimeri speciali per proteggere vigili del fuoco, militari e civili;*

In campo tecnico-scientifico:

. *nuovi ingredienti per gli alimenti;*
. *sistemi di filtraggio e recupero dell'acqua dall'umidità;*
. *tessuti con resistenza alla trazione;*
. *pompe cardiache;*
. *migliori apparecchi auditivi;*
. *purificatori per l'aria;*
. *lenti per occhiali da sole.*

6.9. Il problema dell'inquinamento spaziale

Sì sa, uno dei più brutti vizi dell'uomo è inquinare e deturpare l'ambiente e questo sta succedendo anche nello Spazio. All'uomo non bastava aver inquinato la terra, i mari e l'aria, quindi ha deciso di inquinare anche lo Spazio!

Di cosa sto parlando?
Beh, di una cosa molto semplice: i cosiddetti **detriti spaziali**.

Un'immagine artistica che però rende chiaramente l'idea dei detriti spaziali

Da molti anni ormai, l'uomo sta mettendo in orbita migliaia e migliaia di satelliti, alcuni per motivi scientifici, molti altri per motivi di business. Tutto ciò non è ancora molto regolamentato, perché come abbiamo già fatto per aria, terra e mare, stiamo facendo lo stesso errore anche per lo spazio: esso è così grande, che problema c'è?

E invece il problema c'è e ci sarà sempre di più, man mano che andiamo avanti, se la cosa non verrà regolamentata o risolta.

Recentemente, un detrito spaziale stava colpendo una navicella della SpaceX mentre essa si stava attraccando alla Stazione Spaziale Internazionale. Per fortuna questo detrito ha solo sfiorato la navicella ma se l'avesse centrata, sarebbe stata una enorme sciagura. Eppure lo spazio è così sconfinato, come può succedere? Beh, succede!

Pensa, ancora, al razzo cinese di svariate tonnellate recentemente caduto nell'oceano indiano. Per ore anche in Italia siamo stati in ansia, perché non si poteva prevedere con esattezza dove sarebbe caduto, quindi l'intero centro-sud era allertato, assieme ad un altro mezzo mondo, lungo le orbite percorse dal razzo in caduta libera.

Beh, solo dopo tantissimi anni ci siamo accorti dell'incredibile isola di plastica accumulatasi nell'oceano; la stessa cosa sta succedendo nello spazio, attorno al nostro pianeta.

Quindi dobbiamo diventare anche **ambientalisti spaziali**? Assolutamente sì, perché i problemi si devono prevenire, non semplicemente curare.

Come? Intanto occorrerebbe lavorare a un progetto di **ecologia spaziale**, ipotizzando un **sistema di pulizia**.

Il problema è che tutto ciò che si mette in orbita, lì rimane e ciò non va bene, perché le cose si accumulano.

Quindi, delle due l'una: **o i satelliti devono tornare a terra a fine ciclo o si devono recuperare dallo spazio.**

Credimi, **ne sentiremo parlare sempre di più di questo problema**, ad oggi quasi latente. Forse, solo quando accadrà la prima grande sciagura causata da questo problema, l'uomo ne prenderà davvero coscienza.

Ovviamente, lungi da me fare la Cassandra della situazione ma mi sembrava giusto in questa sede parlarne.

I segreti svelati in questo capitolo

. La prima missione di colonizzazione del nostro satellite porterà nello spazio un equipaggio misto di uomini e donne.

. Vi sono numerose missioni tuttora in atto, che continuano a svelare sempre più segreti del nostro sistema solare.

. Grazie alle missioni spaziali c'è stato un balzo in là delle conoscenze scientifiche e tecnologiche.

. Abbiamo una sonda attorno al Sole che viaggia a velocità inaudita.

. Non solo la NASA vuole concorrere alla conquista dello spazio, ma anche sempre più numerose e innovative compagnie private, come SpaceX.

. La prossima storica conquista spaziale potrebbe essere quella di portare un equipaggio umano sul pianeta rosso.

. La Stazione Spaziale Internazionale è il più importante, storico, esempio di cooperazione tra le nazioni.

. L'industria dello spazio è in fase di forte sviluppo, ivi compreso il settore del turismo spaziale.

. Un delicato problema da risolvere è la resistenza del corpo umano a lunghi viaggi spaziali, sia per l'assenza della gravità, sia per l'esposizione alle radiazioni solari, che sulla Terra sono filtrate dall'atmosfera e dall'ozono in particolare.

. Attenzione al problema dell'inquinamento spaziale!

7. I GRANDI MISTERI DELLO SPAZIO

7.1. I Buchi Neri, mangiatori di galassie

Il buco nero è quanto di più ineffabile e irraggiungibile possa esservi nello Spazio: misterioso, invisibile, distruttivo.

Non emette radiazione o alcun tipo di luce e sono le nozioni fisico-matematiche che permettono di descriverli e postularne l'esistenza.

Trattasi di oggetti assai singolari, in quanto, **possono attrarre e catturare qualsiasi cosa** si trovi nelle immediate vicinanze, data la forza esercitata dal proprio campo gravitazionale.

<u>A nulla è permesso di uscire all'esterno!</u>

PERCHÉ ESISTONO?

Una stella con massa almeno dieci volte superiore quella solare, una volta esaurito il proprio combustibile, si contrae aumentando la propria densità fino a diventare talmente pesante da subire un collasso; la massa così ottenuta viene concentrata in un punto, che non è altri che il buco nero.

Ed ecco che entra in gioco la gravità: così infinitamente grande da spegnere qualunque segnale luminoso proveniente da particelle e oggetti circostanti (imprigionandoli al proprio interno); **il buco nero risulta essere invisibile e avvolto nella tenebra più assoluta.**

La luce è velocissima, ma il buco nero è talmente potente da non lasciarle scampo.

Attenzione! Il buco nero non fa piazza pulita di tutto: l'attrazione gravitazionale è sempre inversamente proporzionale alla distanza. Soltanto gli oggetti più vicini vengono catturati; mentre fagocita, implode su stesso senza esplodere.

DOVE SI TROVANO I BUCHI NERI?

Dove è morta una stella massiccia e al centro di ogni galassia.

Curiosità: Se il buco nero è in un sistema binario con una stella normale, la sua forte attrazione gravitazionale può deformare la stella e strapparle gas. Questo gas cadendo verso il buco nero si riscalda ed emette radiazione. Vicino al buco nero, questa radiazione può raggiungere un'intensità di milioni di volte superiore a quella del sole e viene emessa come raggi X. È quella che viene chiamata una binaria X. La maggior parte di questi sistemi stellari è "a riposo," ovvero poca materia raggiunge il buco nero e l'emissione X è bassa. Ogni tanto qualcuno si "sveglia" e viene immediatamente osservato con tutti i telescopi disponibili (fonte media inaf).

Cosa significa?

Il buco cattura il gas emergente dalla stella creando così un vortice discoidale a temperatura elevatissima con emissione di raggi X, che svelano la presenza del nostro tenebroso e ineffabile oggetto.

Un termine scientifico piuttosto insolito, associato al concetto di buco nero, è "**spaghettificazione**". Con questo neologismo si intende l'effetto finale a cui qualsiasi corpo è atteso se risucchiato da un buco nero. In pratica, esso viene "spaghettificato" in una lunga scia di atomi, fagocitata dal buco nero, proprio come uno spaghetto.

Cygnus X-1 è una nota sorgente raggi X osservabile nel Cigno.
HDE 226868, la controparte ottica di Cygnus X-1, è la stella più brillante della coppia al centro del campo stellare. Da Wikipedia

La **Costellazione del Cigno**, una delle tre costellazioni che caratterizza il cielo estivo formando il noto triangolo estivo (con Altair nell'Aquila e Vega nella Lira) contiene diverse stelle doppie; una di queste è una sorgente di raggi X chiamata Cygnus X 1: si tratta di una coppia di stelle formata da una stella gigante ed un buco nero. Wow!

Anche la nostra galassia, **la Via Lattea ha un Buco Nero al centro** ma esso è per fortuna dormiente al momento, visto che non sta mangiando nessun oggetto galattico.

Non sappiamo quanti Buchi Neri ci siano nell'Universo ma di certo essi sono tantissimi e ce ne sono di tanto grandi da essere in grado di mangiare, addirittura, intere galassie.

Pensa che recentemente abbiamo scoperto una cosa davvero incredibile: due buchi neri che si sono mangiati tra di loro fino a formare un buco nero ancora più grande!

E sai come lo abbiamo scoperto? Attraverso le **onde gravitazionali** che hanno emanato. Sì, perché un evento del genere è capace di deformare moltissimo lo spaziotempo, per cui questa deformazione si propaga proprio attraverso le onde gravitazionali, che ormai siamo in grado di percepire, mediante i più avanzati strumenti tecnologici mai messi appunto.

Esistono quattro categorie di buchi neri: supermassicci, di massa intermedia, stellari e micro (vedi tabella).

Tipologia buco nero	**Massa**
Buco nero supermassiccio	~ 10^6 – 10^9 Massa Sole
Buco nero di massa intermedia	~ 10^3 Massa Sole
Buco nero stellare	~ 3 – 30 Massa Sole
Micro buco nero	~ fino a Massa Luna

Fonte immagine: Studenti.it

L'origine dei buchi neri intermedi è poco chiara: alcuni studiosi affermano che essi si siano formati in seguito al collasso gravitazionale di una stella, altri studi li ritengono il risultato della collisione di stelle massicce in ammassi stellari.

La maggior parte dei buchi neri esistenti, comunque, ha avuto origine dal collasso di una stella particolarmente massiccia.

I **buchi neri primordiali**, invece, sono quelli che si sono formati all'origine dell'universo, il cui studio potrà darci importantissime indicazioni, circa l'origine del cosmo.

I buchi neri "micro" avrebbero una massa simile a quella del Sole e tendono ad evaporare velocemente. Sì, perché anche i buchi neri muoiono. Paradossalmente, infatti, più mangiano, più "evaporano". Apparentemente, **ogni cosa nell'universo ha un inizio e una fine, per poi trasformasi in qualcosa di diverso, proprio come succede per la vita.**

Non importa che tu sia re o servo, che tu sia buco nero o cometa, sei comunque destinato a finire prima o poi, come direbbe il grande Totò nel componimento *'A Livella.*

Ci sarebbero da dire tantissime cose sui buchi neri, gli oggetti più misteriosi e affascinanti dell'universo.

Abbiamo già parlato, ad esempio, di **Orizzonte degli Eventi**. Molti, infatti, si chiedano fisicamente come sia un buco nero. Beh, diciamo che questo non è dato sapersi, perché il confine del buco nero, l'orizzonte degli eventi, appunto, è invalicabile.

Ma cosa è questo *Orizzonte degli Eventi*, un nuovo programma televisivo?

Ehm, non proprio … Innanzitutto, non è qualcosa di fisico ma un confine ideale, oltre il quale ogni cosa viene assorbita fatalmente dal buco nero. Siccome la forza di gravità del buco nero è più forte di qualsiasi altra cosa, neanche la luce è capace di uscire dall'orizzonte degli eventi, per cui esso ci appare totalmente oscuro, da cui la denominazione di buco nero, appunto.

Oltre questa soglia, non sappiamo davvero cosa ci sia e possiamo paragonare il concetto di buco nero a quello di singolarità da cui il Big Bang ha avuto origine.

Il motivo è semplice: **come può tanta materia risiedere in uno spazio così piccolo?** A questa domanda la Fisica non è capace di dare una risposta e anche Einstein, pur avendo teorizzato il buco nero, alzerebbe le mani. Forse la **Meccanica Quantistica** un giorno saprà risponderci? Chissà!

Ma benché **non possiamo descrivere cosa ci sia al'interno di un buco nero**, possiamo almeno spiegare meglio **perché il buco nero mangia la luce.**

Per spiegare questo fenomeno, dobbiamo parlare di **velocità di fuga.**

Di cosa si tratta, Rosina?

La velocità di fuga è la velocità minima che un oggetto deve avere per potersi allontanare dal campo gravitazionale a cui è soggetto. Dunque, tale velocità è direttamente proporzionale alla massa che rappresenta il campo di gravitazione.

Ad esempio, la velocità di fuga dalla Terra è di 40.320 km/h, mentre dalla Luna, che è molto più piccola, è di soli 8.280 km/h. Se, invece, passiamo al Sole, che ha una massa decisamente più grande, pari a circa il 98% dell'intera massa del Sistema Solare, la velocità di fuga è calcolabile in 2.222.280 km/h!

Dunque, tornando alla nostra domanda, possiamo dire che **la luce non esce dal buco nero, perché la sua velocità non è sufficiente a pareggiare la velocità di fuga dal buco nero stesso!**

Capisco che sono concetti molto difficili da capire ma spero di averti fatto almeno intuire di cosa di tratti, pur non ricorrendo ad alcuna formula fisica.

Beh, **sei curioso di vedere un buco nero?**

Purtroppo, non possiamo portarti con la nostra *Tellus* al cospetto di questo famigerato, ma possiamo avvicinarci stando a dovuta distanza.

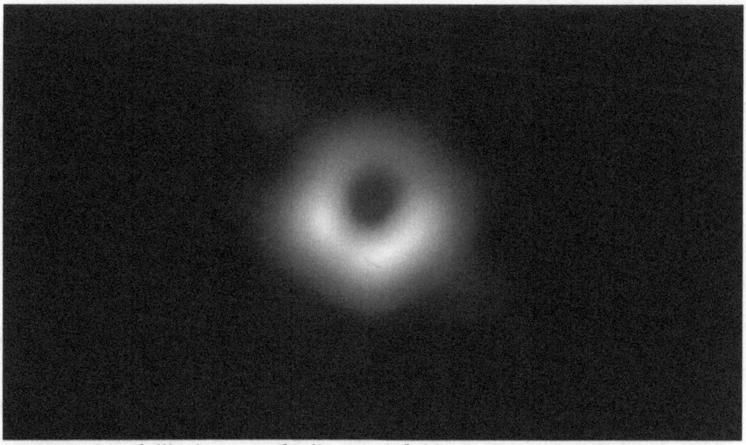

Immagine dell'orizzonte degli eventi del buco nero supermassiccio al centro della galassia Messier 87 (15), composta nel 2019 grazie a due anni di rilevamenti dei radiotelescopi dell'Event Horizon Telescope

Nell'immagine di cui sopra, **possiamo osservare il contorno del buco nero**: la materia attratta al suo interno, riscaldandosi, emette luce osservabile parzialmente grazie ai radiotelescopi, rendendo osservabile la zona "in ombra" all'interno del buco nero.

Rimanendo sintonizzati a questo grosso bullo spaziale, speriamo quanto prima di avere nuove informazioni scientifiche, per svelarne i segreti più nascosti.

7.2. La Materia Oscura e l'Energia Oscura

L'universo è composto in minima parte dalla materia che conosciamo. Materia Oscura ed Energia Oscura sono, invece, i suoi ingredienti principali.

Oddio, ogni tanto sbucano delle teorie che tentano di spiegare alcuni fenomeni fisici senza l'ausilio di queste, ma, rimangono sempre delle lacune da colmare.

Le ragioni di questo sono due: la prima, e va da sé, è che non siamo in grado di spiegare di cosa siano fatte queste due ineffabili componenti dell'universo; la seconda è che questo porta alcuni che sono più orientati a tematiche di natura filosofica e mistica, a "fantasticare" circa la loro reale essenza irritando un po' gli addetti a lavori scientifici.

Perché le galassie ruotano così velocemente e restano compatte? *Materia oscura.*

Perché l'Universo è in espansione? *Energia oscura.*

Nel 1933 l'astronomo **Franz Zwicky**, dalla velocità di rotazione delle stelle nell'ammasso di galassie detto della Chioma, calcolò che la massa dell'ammasso doveva essere circa 400 volte maggiore della massa delle stelle che emettevano luce. In poche parole, la massa della materia visibile non poteva spiegare l'elevata velocità di rotazione osservata (pari a circa 3 milioni di km/h). Nell'articolo nel quale riportava queste osservazioni, Zwicky ipotizzò che dovesse esistere una "**dunkle materie**", materia oscura, non visibile e di origine sconosciuta, che spiegasse il fenomeno.

La sua osservazione fu ignorata per oltre 40 anni, finché **Vera Rubin** giunse alle stesse conclusioni, osservando la vicina galassia di Andromeda.

Morale della favola: a quasi 90 anni dall'idea di Zwicky, i fisici stanno ancora cercando di rivelare le elusive particelle di materia oscura!

Solamente negli ani '70, gli astronomi iniziarono a riflettere seriamente su questa non rispondenza.

Se ipotizzassimo di avvicinarci al centro di una galassia, dovremmo vedere le stelle ruotare più vorticosamente; allontanandoci avremmo, invece, la percezione che ruotino più lentamente. Fra l'altro, come sappiamo, i pianeti che si trovano più vicino al Sole ruotano più velocemente attorno ad esso.
È lo stesso andamento che, grossomodo, ci saremmo aspettati anche per la rotazione delle stelle intorno al centro della loro galassia.
In realtà, i dati sperimentali, ricavati dalle osservazioni, non coincidono con le simulazioni.
Tuttavia, se immaginassimo la galassia al centro di una sfera abbastanza grande di materia, vale a dire la materia oscura, allora riusciremmo a sanare questa discrepanza.
Anche i postulati di Einstein ne confermano l'ipotetica esistenza.

Curiosità: **La Lente Gravitazionale di Einstein**.

Secondo la Relatività, lo Spazio curva in presenza di una massa. Ogni particella di materia (anche il fotone, quindi la luce) segue tale curvatura. Il fatto che la luce non percorra sempre una linea retta, ma segua le curvature degli oggetti (non avendo massa, non ne è attratta gravitazionalmente), ci consente di vedere molto più di quanto potremmo.

La sola massa degli oggetti, però, non può spiegare la presenza della curvatura se non introducendo la materia oscura.

Immagine di Reccom Magazine

La **Materia Oscura** non interagisce a livello elettromagnetico né tantomeno emette nelle frequenze del visibile, tuttavia, rappresenta il motore gravitazionale dell'intero universo, nella quantità stimata del 26%.

7.2.1. Teorie sulla Materia Oscura

Rosina, facciamo solo un accenno alle teorie che tentano di spiegare la natura della Materia Oscura?

Ci provo! La Materia Oscura si troverebbe nella "tenebra" che circonda le stelle e viene distinta, fondamentalmente, in due tipi: **Barionica e Non Barionica**.

La **Materia Oscura Barionica** *è del tutto simile a quella che costituisce stelle, pianeti, polvere interstellare, ecc., salvo che essa* **non emette radiazioni** *e pertanto non è visibile. Altri possibili candidati al titolo di Materia Oscura, sono stati indicati nei* **MACHO (Massive Compact Halo Objects)**, *oggetti compatti di grande massa dell'***Alone Galattico (la regione di spazio che circonda le galassie a spirali).** *Questa regione di spazio, infatti, si definisce anche* **Alone Oscuro** *o, anche,* **Alone di Materia Oscura**. *Questi Aloni Oscuri, in realtà, non sono mai stati osservati direttamente ma sono solo stati teorizzati, al momento.*

In pratica, semplificando al massimo, questi Aloni Oscuri, sarebbero una sorta di anti-galassie, formatisi in contemporanea ad esse, costituiti di **Materia Oscura Fredda**, *che interagiscono gravitazionalmente con le galassie, giustificando così alcuni fenomeni cosmici che ancora oggi sfuggono alla fisica.*

Probabilmente, ti starai chiedendo, **perché questi Aloni Oscuri non si vedono?**
Beh, per lo stesso motivo, per cui nell'universo esistono cose che ancora oggi non riusciamo a rilevare, come i **Buchi Neri**, *ad esempio.*

Le **superdensità**, *ossia le cose dotate di un'attrazione gravitazionale tale da trattenere anche la luce, sono per noi invisibili e questo è un dato* *di fatto. Il problema da capire, che ci sfugge, è come possono esistere oggetti di tale densità? Questo per ora sfugge alla nostra Fisica.*

Dunque, ***se esistono questi oggetti e sono fatti di materia, beh, essi saranno fatti di Materia Oscura.***

*In conclusione, secondo queste teorie, l'Universo sarebbe caratterizzato anche dalla presenza di queste "***zone d'ombra***", che interagiscono con tutto il resto e sono parte integrante del tutto.*

La ***Materia Oscura Non Barionica*** *è rappresentata, principalmente, dalle ipotetiche* ***particelle WIMP (Weakly Interacting Massive Particles)****, dotate di massa, composte da materia intrinsecamente diversa dalla barionica e marginalmente interagente con essa, quindi estremamente difficile da rivelare.*

Attualmente, la **Meccanica Quantistica**, conduce tre tipi di esperimenti che si conducono per cercare di stanare le **Particelle di Materia Oscura**:

1. provare a riprodurle negli acceleratori di particelle;
2. osservare l'energia che dovrebbero rilasciare quando urtano con la materia ordinaria;
3. cercare le annichilazioni fra particelle di materia oscura presenti attorno al centro della galassia, o del sole, che potrebbero generare particelle normali, quali neutrini, positroni (antiprotoni).

Non dimentichiamo che abbiamo scoperto che **il neutrino ha massa**, seppur estremamente bassa, pertanto, potrebbe essere un buon candidato a rappresentare almeno una quota della Materia Oscura e potrebbe, in parte, spiegare l'**eccesso di massa** degli **Ammassi e Superammassi di Galassie**, ma non quello delle singole galassie.

7.2.2. Teorie sull'Energia Oscura

Il Signor Albert Einstein (sempre lui), per contrastare gli effetti della "nuova" gravità, da lui stesso delineata, che portava a un <u>universo dinamico</u> **(quindi o in contrazione o in espansione)**, più che altro per evitare l'idea di un collasso gravitazionale, inserì nelle equazioni di campo della relatività la famosa **Costante Cosmologica**, simile qualitativamente a una forza antigravitazionale su larga scala.

Eh sì, facciamo un po' di storia, che credo ai più sia nota.

Quando nel 1929 **Edwin Hubble** scoprì che l'universo era in espansione, Einstein ritrattò la sua idea, definendola **"il mio più grande errore"**!
Teniamo comunque presente che più del 90% delle teorie einsteiniane sono state confermate. Nessuno ha sbagliato, nemmeno **Newton**. Si dice che una teoria viene superata (migliorata) da quella seguente perché, magari, sotto certi aspetti, risulta essere più innovativa. Questo può portare a conferme o a smentite.

Con l'avvento della **Teoria Quantistica della Materia**, tra gli anni '20 e '30 del Novecento, si evidenziò che <u>**anche il VUOTO possiede una sua ben definita energia**</u>, determinata dalle **coppie di particelle e antiparticelle che si formano e annichiliscono continuamente** (ricordi, ad esempio, la precedentemente accennata **Teoria delle Stringhe**?).

Nel 1967 fu rilevato l'**effetto Sachs-Wolfe**, consistente in uno spostamento verso il blu della **Radiazione Cosmica di Fondo**, quando attraversa i forti campi gravitazionali generati da grandi ammassi di materia. Tale guadagno di energia, sarebbe stato considerato, in futuro, un **segno diretto dell'esistenza di un'energia oscura**.

Le galassie si allontanano fra di loro e lo spazio fra di esse si dilata, a partire dal Big Bang, con cui si è verificata la primordiale rapida espansione dello spazio.

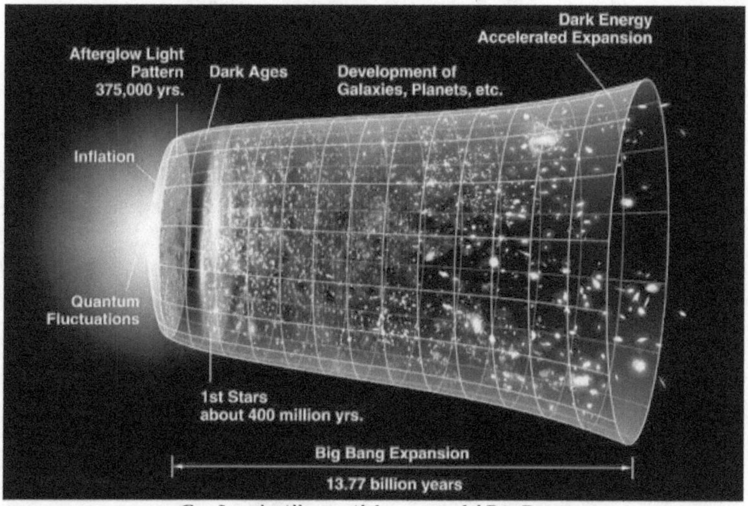

Grafica che illustra il fenomeno del Big Bang

Tuttavia, sappiamo che la materia, dotata di massa, è attrattiva; questa tenderebbe a rallentare l'espansione e nel tempo dovrebbe farsi più lenta, perdendo di propulsione.
Le galassie, invece, fanno il contrario, ossia si allontano verso i confini dell'universo ad una velocità crescente?
Ma come è possibile? Anche questo viole le leggi della relatività e, dunque, chiamando così in causa la famigerata energia oscura.

Torniamo così ad alcuni annosi quesiti astronomici già postici nei precedenti capitoli…

Cosa succederà poi? Le galassie si disperderanno inesorabilmente, producendo la rarefazione e conseguente morte dell'universo? Oppure, rallenteranno così tanto da portare alla contrazione dell'intero universo? Oppure si fermeranno e basta? Il dibattito è tuttora in corso.

L'annuncio di un universo comunque in accelerazione fu dato da **Saul Perlmutter** del **Berkeley Lab**, l'8 gennaio 1998; il lavoro ottenne il **Premio Nobel per la fisica nel 2011**.

La velocità con cui lo spazio si espande sta aumentando, non diminuendo. È più veloce oggi rispetto a un miliardo di anni fa, un risultato completamente sorprendente e inaspettato.

Dunque, ci serve qualcosa che lo spieghi.

Le opzioni sono fondamentalmente due: **o la gravità non funziona come crediamo che funzioni, o c'è una forza che non stiamo considerando, che permette questa accelerazione.**

Questa forza misteriosa, quindi, la chiamiamo energia oscura, rappresentante il 67-68% circa dell'universo, causa diretta dell'aumento della velocità con cui si espande.

Un lavoro pubblicato nel 2012 dall'*Università di Portsmouth* e dalla *LMU di Monaco*, basato sulla sovrapposizione di mappe di regioni dell'universo con quelle della **Radiazione di Fondo**, ha migliorato la veridicità rispetto ai precedenti studi circa l'effetto **Sachs-Wolfe**, sostenendo una probabilità dell'esistenza di un'energia oscura del 99,9996%.

7.2.1. Big Freeze, Big Rip, Big Bounce, Big Crunch

A scopo meramente divulgativo, ragioniamoci un attimo. Ricordi l'esempio della nuvola, fatto in precedenza? Paragonavamo il nostro universo ad una nuvola, destinata a disperdersi nel cielo per un processo di rarefazione.
La stessa cosa potrebbe succedere all'universo, all'interno dello spazio cosmico.

Questa visione, combacia con quella della **Morte Termica dell'Universo (Big Freeze)**, secondo cui gli oggetti completamente isolati, esaurendo la propria energia in un tempo indefinito, raggiungerebbero la **Morte Termica** (o **Morte Entropica**) alla temperatura dello zero assoluto.

Questa teoria risponde al **Secondo Principio della Termodinamica**, secondo cui se l'universo vivesse per un tempo sufficientemente lungo, tenderebbe asintoticamente ad uno stato nel quale tutta l'energia sarebbe uniformemente distribuita in tutte le direzioni dello spazio, e **non sarebbero più possibili processi energetici** (inclusa la vita).

Alcuni scienziati hanno ipotizzato, anche, uno scenario di prolungamento indefinito della vita dei singoli, mediante **ibernazione** alla temperatura dello zero assoluto e **stato di minima entropia**, cosa che, tuttavia, finora non ha avuto esito con nessuna forma di essere vivente, se non nei film di fantascienza alla *Interstellar*.

Secondo gli studiosi, comunque, ogni ipotesi sulla possibilità della morte termica, dipende da supposizioni sulla natura dell'universo. Uno scenario di morte termica potrebbe verificarsi solo se l'universo avesse una **geometria piatta o iper-**

bolica, per cui continua a espandersi per un tempo indefinito ed è effettivamente un sistema isolato.

Molti hanno messo, addirittura, in discussione l'applicabilità dello stesso concetto di entropia e del modello termodinamico all'intero universo, o almeno la possibilità di fare previsioni considerando le scarse conoscenze sull'entropia dei campi gravitazionali e sui fenomeni quantistici.

Un vero rebus, che ti fa riflettere su quanto ancora troppo limitate siano le nostre conoscenze scientifiche in campo astronomico. Ma ciò è tanto frustrante quanto stimolante, secondo le due facce di una stessa medaglia. È un po' come se fossimo pionieri alla conquista del West.

Alla teoria del **Big Freeze** fa eco quella del **Big Rip**, secondo cui, alla fine, la materia e l'energia costituenti l'universo, si dissolveranno, i buchi neri assorbiranno il restante, evaporando poi tramite la **radiazione di Hawking**; lo stato finale sarà un gas di fotoni, leptoni e forse protoni, senza gravità.

Addirittura, **secondo alcuni scienziati che accettano il modello del Big Rip, il tempo si fermerà e si annulleranno le dimensioni e le distanze**.

Beh, qui siamo **oltre la fantascienza**…

Secondo altri, invece, si genererà un nuovo Big Bang nel nostro universo, a causa della bassissima entropia, dopo la quasi distruzione della materia e dell'energia. E qui scivoliamo nel campo delle teorie dell'**Universo Oscillante (Big Bounce)** e del **Modello Ciclico**.

Insomma, ce n'è proprio di ogni!

Ancora, **Roger Penrose**, nel libro *Dal Big Bang all'eternità*, afferma che l'**infinitamente piccolo allora equivarrà all'infinitamente grande**, e l'universo apparentemente freddo e morto del **Big Rip** o del **Big Freeze**, potrebbe così dare origine, per effetto dell'**annullamento delle leggi fisiche** precedenti, ad un **nuovo Big Bang** (la bassa entropia sarebbe la stessa della nascita del primo universo).

E anche qui, siamo **ai confini della filosofia**.

7.3. Le Onde Gravitazionali

Le Onde Gravitazionali sono il mezzo che consente di osservare la distorsione spaziotempo (la **curvatura di Einstein**), stiracchiato e compresso dalla forza di gravità.

In altre parole, sono una sorta di **"increspature" dello spazio**, come quelle generate sulla superficie di uno specchio d'acqua se vi lanciamo dentro un sasso.

L'11 febbraio 2016, gli scienziati del **LIGO** (**Laser Interferometer Gravitational-Wave Observatory**) hanno annunciato di avere la prova della loro esistenza, ottenendo il Nobel per la scoperta. Grazie a una tecnologia molto sofisticata, sono riusciti, infatti, a registrare il passaggio di onde gravitazionali sulla Terra. Tali onde gravitazionali, derivavano dalla fusione di due buchi neri, un evento cosmico clamoroso.

Fino alla scoperta del LIGO, le onde gravitazionali erano solo state teorizzate da Einstein, giusto un secolo prima, ma nessuno era stato mai capace di rintracciarle materialmente.

Sorgenti di onde gravitazionali apprezzabili sono essenzialmente grandi masse che subiscono imponenti accelerazioni, come i **Sistemi Binari di Buchi Neri**, che orbitano l'uno attorno all'altro fino a diventare una cosa.

Anche le **Stelle di Neutroni**, corpi estremamente densi che ruotano su sé stessi molto rapidamente, possono dare origine a queste increspature: l'irregolarità sulla loro superficie provoca onde gravitazionali periodiche nel tempo (mentre in una fusione o collisione, l'intensità delle onde rilevate cresce progressivamente fino al "botto finale").

Le **Supernove**, stelle morenti, generano **onde gravitazionali** brevi e intense ("burst"); una sorta di **eco gravitazionale** potrebbe rimanere anche dal Big Bang, più debole e più equamente distribuita.

Concedimi una battuta... Come giusto che sia, metaforicamente, una Stella deve finire col "botto", altrimenti equivarrebbe a qualsiasi altro banale oggetto/soggetto di questo universo.

In generale, moltissimi fenomeni nello spazio, generano onde gravitazionali, ossia deformazioni dello spaziotempo, solo che noi, al momento, siamo in grado di percepire solo quelle più potenti. Come abbiamo già accennato, **LISA sarà il primo interferometro laser spaziale**, anziché terrestre come LIGO. Fare questo lavoro nello spazio garantisce importantissimi vantaggi, perché non vi sono tutti i fattori di disturbo giocoforza presenti sulla terra, come le vibrazioni prodotte da fenomeni sismici o dovute alle attività dell'uomo.
La "pace" dello spazio, dunque, permetterà a LISA una maggiore sensibilità nella rivelazione delle onde gravitazionali, compiendo un ulteriore step anche su questo fronte della ricerca astronomica.

Ma in definitiva, **a cosa ci servono queste onde gravitazionali?**

Le onde gravitazionali ci permettono di "sentire" l'universo, come se acquisissimo un ulteriore senso, oltre alla vista.

"Ascoltando" le onde gravitazionali, possiamo decifrare tante caratteristiche dei fenomeni a cui esse sono correlate, compresa la loro posizione nello spazio. Pensa a quante informazioni in più potremo acquisire grazie alle onde gravitazionali su fenomeni misteriosi come i buchi neri o teorie cardine come il Big Bang.

Nel 1916, dunque, **Albert Einstein** ipotizzò che le **Onde Gravitazionali** potessero essere una naturale conseguenza della sua teoria. Una vera e propria rivoluzione al concetto di gravità: una forza tra oggetti distanti, ma piuttosto un effetto geometrico in grado di deformare il tessuto dello spazio-tempo.

Come al solito, **Einstein ha sempre ragione**, anche se ci abbiamo messo un intero secolo a rilevare queste onde gravitazionali che lui aveva teorizzato ben 100 anni prima!

Se, dunque, la gravità di Einstein era in grado di creare uno spazio perturbato, era correttissima anche la teoria che queste perturbazioni potessero anche propagarsi, sottoforma di **onde gravitazionali**, appunto, **le deformazioni dello spaziotempo**.

7.4. Il Multiverso e gli Universi a Bolle

Hai mai sentito parlare di Multiverso? È un termine bizzarro ma pieno di fascino, vero? Il termine ci dà subito l'idea della molteplicità e, infatti, riguarda una teoria secondo la quale esistano vari universi e non solo quello che noi conosciamo.

Starai pensando, in che senso?

Immagino la tua espressione tipo il personaggio di Verdone figlio dei fiori, hai presente?

Allora, ti spiego. **Ricordi la storiella della nuvola?**
Beh, la nuvola che si disperde nel cielo, rappresentando il sistema universo. Beh, come esiste quella nuvola, esistono nel cielo altre nuvole. Allo stesso modo, come esiste il nostro universo, generato da un **Big Bang**, allo stesso modo altri universi potrebbero essere stati generati in modo omologo.

Del resto, ancora non siamo in grado di definire la forma dell'Universo. Chi dice che è sferico, chi dice che è piatto, chi dice che ha una forma aperta, tipo sella di cavallo.

Secondo me, andando a logica, l'universo dovrebbe avere una forma grossomodo sferica, seppur irregolare, essendosi il Big Bang propagato in tutte le direzioni dello spazio.

Pensa ai fuochi d'artificio. Essi si propagano nel cielo in forma sferica, prima di dissolversi, spegnendosi.

Ecco, io penso all'Universo, così, proprio come un fuoco d'artificio, sposando quindi la teoria del **Big Rip**, per la sua fine. Ma come nel cielo si possono sparare vari fuochi d'artificio, perché dobbiamo escludere la presenza di contemporanei universi nello spazio. E questo più o meno, afferma la **Teoria degli Universi a bolle** e del **Multiverso**.

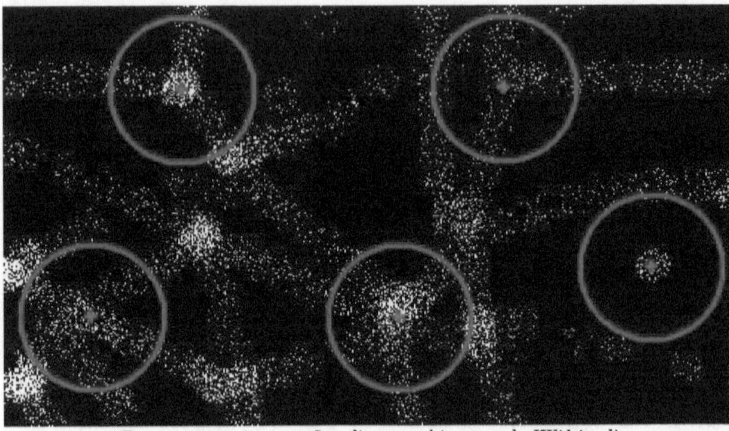

Rappresentazione grafica di un multi verso, da Wikipedia

Personalmente, anche se appaiono sinonimi, per me Spazio e Universo non sono la stessa cosa. **Lo Spazio è il tutto, mentre l'Universo è quel sistema, probabilmente generato dal Big Bang all'interno dello Spazio, composto da tutti gli elementi in esso generatisi.**

Dunque, se l'Universo ha una forma, ha anche dei confini, che benché in espansione sono pur sempre dei confini. E cosa c'è al di fuori di questi confini, nello Spazio? Ovviamente, non è dato sapersi; possiamo pensare tutto o niente. Beh, personalmente sono più portato a pensare a tutto, piuttosto che niente, dunque, non escludo la presenza di altri universi, ma qui siamo nel campo della filosofia e della fantascienza, dato che parliamo di teorie che non possiamo dimostrare.

Del resto saremmo un po' presuntuosi a pensare che esiste solo il nostro universo, così come pensavamo in-

genuamente che esistesse solo il nostro sistema solare o la nostra galassia.

Rappresentazione grafica dell'universo bolla nel multiverso

Ancora, perché dovremmo pensare che si è verificato solo il nostro Big Bang, escludendone altri? Sarebbe un po' come pensare che la vita si è generata solo sul nostro pianeta, anche se esistono miliardi di miliardi di altri pianeti nell'universo.

Certo, c'è chi pensa che lo spaziotempo si sia generato col Big Bang e questo può essere anche vero relativamente al nostro universo. Ma è più confortante pensare che la nostra bolla si è formata in mezzo a tante altre bolle, piuttosto che immaginare un insensato nulla.

Ma allora gli universi bolla potrebbero collidere tra di loro? Oppure gli effetti di un Big Bang esterno, potrebbero colpire il nostro Universo? Beh, dipende tutto dalla distanza tra le bolle, ossia dalla densità e dall'entropia del Multiverso.

Un teorico del **Multiverso** è stato **Stephen Hawking**, uno dei maggiori scienziati dei nostri tempi.

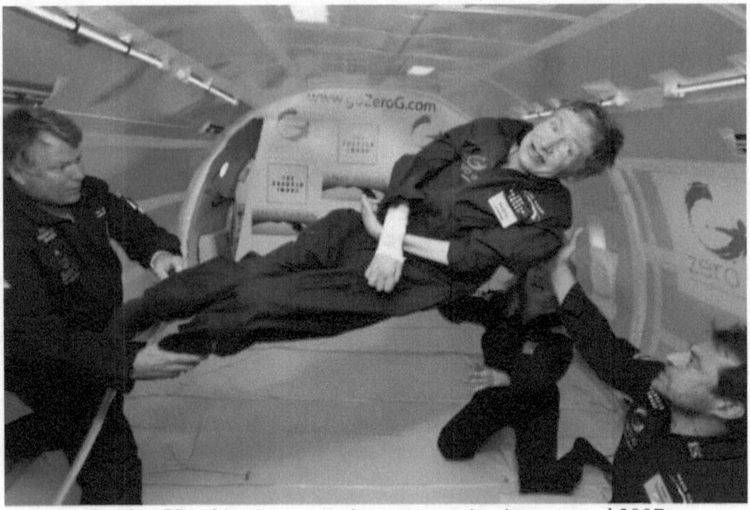

Stephen Hawking in un esperimento a gravitazione zero nel 2007

I molteplici universi alternativi che compongono la realtà potrebbero non essere poi tanto diversi l'uno dall'altro, né tantomeno infiniti: l'insieme di universi possibili potrebbe, in altre parole, essere circoscritto. Questa è una delle ipotesi proposte da **Stephen Hawking** (*A Smooth Exit from Eternal Inflation*), nata da una lunga collaborazione con il fisico belga **Thomas Hertog** e pubblicata sul *Journal of High Energy Physics.*

Questa è la visione di Hawking del Multiverso, mentre altri teorici immaginano universi infiniti e dissimili tra loro. Ma stiamo parlando di questioni di lana caprina.

7.5. Il Bosone di Higgs e l'Acceleratore di particelle

Perché esiste la massa?
Quando proviamo ad accelerare un oggetto, questo oppone resistenza; quindi "esiste" ed ha una massa che definiamo "**inerziale**".

Analogamente, abbiamo visto la **Massa Gravitazionale** dei corpi celesti, che genera **Curvatura Spaziotempo**.

Nella celebre formula di Einstein $\mathbf{E = mc^2}$, la "m" è la massa inerziale della particella.

Vi risparmio alcuni passaggi di **Fisica delle Particelle**, perché non è questa la sede nella quale posso argomentare.
Ci basta sapere che le particelle danno diversi tipi interazione, forte o debole (tipo quella elettromagnetica).
Le particelle portatrici dell'interazione debole acquisirebbero massa grazie alle loro interazioni, grazie al fantomatico **Campo di Higgs**, come farebbero tutte le particelle di materia.

I Fotoni, che trasportano l'interazione elettromagnetica, rimarrebbero, invece, privi di massa.

Nella storia dell'universo, le particelle hanno interagito con il campo di Higgs solo 10^{-12} secondi dopo il Big Bang, ossia in un **tempo infinitesimale.**

Prima della transizione di questa fase, tutte le particelle erano prive di massa e viaggiavano alla velocità della luce.

Dopo che l'universo si è espanso e raffreddato, le particelle hanno interagito con il campo di Higgs e questa interazione ha generato la massa.

Secondo la fisica quantistica, il Big Bang si è generato all'interno di uno spazio vuoto composto da **fluttuazioni quantistiche**, ossia di particelle virtuali di materia e antimateria che si annichiliscono tra loro.
Pertanto, **lo spazio vuoto non è veramente vuoto**, essendo in realtà un tumultuoso ribollire di creazione e annichilazione di particelle, che appare calmo solo perché la scala delle fluttuazioni è piccola e le fluttuazioni tendono ad annullarsi l'un l'altra.

Potremmo dire, **quello che non vediamo non è detto che non esista ma è semplicemente invisibile**.

Il grande **acceleratore elettrone-positrone (LEP)**, in funzione al **CERN** dal 1989 al 2000, è stato il primo acceleratore a raggiungere la regione di massa in cui potenzialmente poteva trovarsi il **bosone di Higgs**, ossia la **particella capace di generare massa**.

La scoperta veniva ufficialmente confermata il 6 marzo 2013, nel corso di una conferenza tenuta dai fisici del CERN a La Thuile. I dati relativi alle caratteristiche della particella sono tuttavia ancora incompleti.

Tali scoperte danno linfa alla ricerca di quella parte dell'universo composta da **materia oscura ed energia oscura**, ingredienti a noi del tutto ignoti, ma che pure rappresentano il 96% del contenuto dell'intero universo.

Per catturare l'impronta del **Bosone di Higgs**, c'è voluto l'**acceleratore di particelle** più potente del mondo, il *Large*

Hadron Collider, un tunnel sotterraneo lungo 27 chilometri, che lambisce il lago di Ginevra e le pendici del Giura, che ha scagliato protoni all'impazzata l'uno contro l'altro nel 2008, dopo 20 anni di costruzione e 10 miliardi di spesa.

Il Bosone di Higgs, la cosiddetta "*ultima particella mancante*" viene prodotta nelle collisioni ad alta energia, ma poi decade in un tempo brevissimo, impossibile perfino da misurare, trasformandosi in altre particelle che solo gli strumenti sono in grado di rilevare.

Ed è stato proprio nei prodotti di decadimento del **Bosone di Higgs** che gli scienziati si sono ritrovati dei dati inattesi: "*Le osservazioni di oggi ci indicano la strada da seguire in futuro. C'è ancora molto da fare per capire i dettagli dei nostri dati*", ha detto Sergio Bertolucci, direttore della ricerca del CERN. Da spiegare, in fondo, resta ancora il 96% dell'universo, cioè la materia oscura.

L'8 ottobre 2013, **Peter Higgs** e **François Englert** sono stati insigniti del premio Nobel per la fisica grazie alla scoperta del meccanismo di Higgs.

In fondo, non siamo tanto lontani dallo scoprire l'essenza della materia oscura e dell'energia oscura dell'universo. È un po' come cercare di ricomporre un grandissimo puzzle, una tessera dopo l'altra.

Dunque, **se il vuoto non è vuoto e il nulla non è nulla, allora esiste qualcosa prima dell'universo, come esiste qualcosa oltre l'universo**.

La strada è tracciata dalla **Meccanica Quantistica**, la nuova frontiera della Fisica, che studia l'infinitamente piccolo, che poi è l'altra faccia dell'infinitamente grande.

7.6. L'Entropia dell'Universo, un caos cosmico!

Il **Secondo Principio della Termodinamica** afferma che l'energia termica (il calore) fluisce sempre da un corpo più caldo ad uno meno caldo e mai in direzione opposta, fino al raggiungimento dell'equilibrio termico, laddove i due corpi avranno la stessa temperatura e per questo motivo non vi sarà interscambio di calore fra essi. Fisica delle superiori.

L'entropia può essere definita proprio come la misura del grado di equilibrio raggiunto da un sistema in un dato momento.

A ogni trasformazione del sistema, che produca un trasferimento di energia (ovviamente senza aggiungere altra energia dall'esterno), **l'entropia aumenta**, perché l'equilibrio può solo crescere.

In teoria, **anche l'intero universo si comporta così**; pertanto, anche nel cosmo, l'energia tende a ridistribuirsi dai corpi più caldi a quelli più freddi, causando un continuo aumento entropico.

Quando tutto l'universo si troverà alla stessa temperatura (gli scienziati ipotizzano a pochi gradi al di sopra dello zero assoluto), l'entropia sarà massima e nessuna trasformazione sarà più possibile. Sarà la cosiddetta <u>morte fredda dell'universo</u> (Big Rip).

Colui che vi attribuì questo nome fu il grande **Rudolf Clausius**, nel 1864, parlando di trasformazioni termodinamiche e la indicò con la lettera S.

Clausius, affermò con una frase che divenne famosissima: *"il calore non può passare spontaneamente da un corpo freddo ad uno caldo"*.

In altre parole, l'entropia, a livello globale, non può mai diminuire.

Il concetto di entropia è legato al disordine. Si dice che maggiore è l'entropia, maggiore è il disordine delle cose; i fenomeni naturali tendono spontaneamente al disordine, tendono cioè a passare da uno stato ordinato ad uno disordinato.

Classico esempio è il bicchiere rotto: non potrà mai essere ricostituito come era in origine.

Due gas diversi racchiusi in due recipienti, se questi due recipienti vengono messi a contatto, tendono inesorabilmente e spontaneamente a mescolarsi; mentre questo fenomeno è naturale, non si è mai osservato il processo inverso, ovvero, che spontaneamente due gas mescolati, tendano a tornare ognuno nel proprio recipiente. Per separarli di nuovo, bisogna spendere energia, perché da soli non lo fanno di certo; mescolandosi vanno verso uno stato più disordinato di quello di partenza e quindi la loro entropia è aumentata.

I fenomeni naturali, se lasciati evolvere spontaneamente, tendono a disporsi nello stato più disordinato possibile, aumentando con ciò l'entropia dell'universo.

Nelle comunicazioni, l'entropia è associata alla perdita di informazioni, nell'informatica alla capacità di formattazione, ad esempio.

Quindi, l'entropia **caratterizza tutti i processi della nostra vita, biologici, industriali, di divertimento, di intelletto, di comunicazione, etc.**

Tutti questi processi tendono, spontaneamente, a trasformarsi in qualcosa di più disordinato e, quindi, ad aumentare la loro entropia.

Ma questo aumento di entropia è senza limite?
Fino a che livello arriverà?

Un limite c'è e prima o poi sarà raggiunto; il limite è la cosiddetta "**Morte Termica**", ovvero, quando nell'universo la temperatura sarà uguale in ogni punto.

Vorrà dire, per esempio, che non vi saranno più stelle e quindi, non vi saranno più sorgenti di energia a bassa entropia: a quel tempo **l'universo sarà permeato da energia degradata a temperatura costante e tutto sarà morto**.

Se cessa il fluire del calore da un corpo più caldo ad uno più freddo, la vita cessa di esistere.

Andiamo inesorabilmente verso il futuro. D'altronde, anche **un universo in espansione fa presagire la morte dello stesso**, con oggetti che si ritroveranno a distanze sempre più ampie: il cosmo sarà incommensurabilmente vuoto.

Attenzione, però: se andiamo nel mondo particellare tutto questo cambia. A livello microscopico, in realtà, c'è ordine; a livello microscopico le interazioni avvengono istantaneamente e non alla velocità della luce.

Macro e micro non si parlano.

Caro **Ermete Trismegisto**, come dicevi?

Così in alto come in basso… uhm… *ni*, non sempre.

Infatti, e spero di poter riprendere questo discorso in seguito, magari con un altro testo che tratti di fisica, gli scienziati si stanno scervellando per trovare una teoria di unificazione che possa spiegare *micro* e *macro* negli stessi termini, trovando delle leggi che valgano analogamente per entrambi: la vera **teoria del tutto**.

7.7. I segreti della Fisica Quantistica

I risultati delle ricerche di Einstein e della Meccanica Quantistica, ci hanno permesso di vedere il parametro "Tempo" come un'entità non più assoluta ed immutabile, ma dipendente da altri fattori, dalla gravità, dalla velocità, dall'energia, un parametro che fluttua e che non è mai lo stesso nell'universo.

Cos'è la MECCANICA QUANTISTICA?
Come dicevo pocanzi, le regole fisiche non valgono per il mondo delle particelle. Per questo mondo ci si avvale della meccanica quantistica.

L'energia nel mondo microscopico, viene scambiata attraverso pacchetti discreti detti **Quanti** (non è un flusso continuo). Quando parliamo di fotoni, intendiamo dire che la luce è composta da particelle o **corpuscoli energetici**.
Anche gli **atomi** possono assorbire **energia a pacchetti**: un atomo può assorbire o emettere 1, 2, 3 fotoni, non mezzo o 1,6.

Tutte le particelle, inoltre, si comportano anche come onde, oltre che come corpuscoli.

Un esperimento che mostra la natura ondulatoria degli elettroni è quello della doppia fenditura: si pone uno schermo sensibile di fronte a una doppia fenditura e si osservano gli elettroni mentre impressionano una lastra, formando **frange di interferenza**, proprio come fa la luce.

Altri esperimenti dimostrano, invece, che **gli elettroni sono particelle**.

La fisica classica permette di calcolare con precisione la traiettoria di un proiettile o di un pianeta. Nella meccanica quantistica, invece, quanto più precisamente si conosce la posizione di una particella, tanto più incerta risulterà la sua velocità (e viceversa).

Questo è **il principio di indeterminazione di Heisenberg**, formulato nel 1927, dal fisico tedesco **Werner Heisenberg**.

Quindi, se vogliamo definire il comportamento di un elettrone in un atomo, possiamo solo dire che si trova localizzato in una nube intorno al nucleo, e la meccanica quantistica ci indica la probabilità che, effettuando una misura, esso si trovi in un certo punto. Prima della misura, lo stato dell'elettrone è descritto dall'insieme di tutti i possibili risultati: si parla, quindi, di **sovrapposizione di stati quantistici. Nel momento della misura, l'elettrone "collassa" in un singolo stato.**
Questo significa che all'atto della misurazione, con i nostri strumenti, è come se portassimo la realtà proprio nella direzione del nostro studio.

Un altro fenomeno quantistico bizzarro è il cosiddetto **Effetto Tunnel**, cioè il fatto che le particelle possano superare una barriera, come fantasmi che attraversano un muro.

Esempio è il **decadimento delle sostanze radioattive**: la radiazione emessa da questi materiali, infatti, è costituita da particelle che superano una barriera energetica all'interno dei nuclei.

Altro fenomeno è l'**Entanglement Quantistico** (che io utilizzo in chiave fantascientifica nei miei romanzi) che significa "**intreccio**".

Immaginiamo di prendere due fotoni in una "**sovrapposizione di stati**" (possiamo pensarli come monete che girano all'infinito, mostrando entrambe testa o croce) e di sottoporli all'entanglement, per poi portarli ai lati opposti dell'universo. Secondo la meccanica quantistica, se effettuiamo una misura su uno dei due, e otteniamo per esempio testa, anche l'altra moneta, istantaneamente, cessa di trovarsi in uno stato indeterminato: se la misuriamo (dopo un secondo o dopo un secolo), siamo sicuri che il risultato sarà testa. Le due particelle sono come in contatto telepatico.

Esempio di FISICA CLASSICA.

Supponiamo che una persona di nome Alice abbia un atomo di rubidio (l'elemento che i fisici in questo campo utilizzano abitualmente) in uno stato di energia minima, e idem un'altra di nome Bob.

Immaginiamo che l'atomo di Alice sia in uno stato eccitato (18) che non conosciamo (**indeterminazione**).

Quello che possiamo fare è **teletrasportare** lo stato nell'atomo di rubidio di Bob. In seguito a questa operazione, l'atomo di Bob, adesso si trova esattamente nello stato in cui era quello di Alice in precedenza.

A questo punto, si noti che l'atomo di Bob è indistinguibile da quello di Alice prima dell'operazione. Se Alice fosse andata da Bob e gli avesse dato il suo atomo, ci si troverebbe nella stessa situazione in cui ci si trova in seguito al teletrasporto.

Ma in questo caso Alice e Bob non devono incontrarsi; comunicano attraverso uno stato "*entangled*".

In pratica, le informazioni dell'atomo di partenza vengono trasferite in quello di arrivo.

Molti fantasticano un futuro alla **Star Trek**, in cui sarà possibile trasferire materia mediante teletrasporto. Sarà mai possibile?

7.8. Le teorie più bizzarre e affascinanti sull'Universo

Laddove non si dispone di dati sperimentali, **a volte gli scienziati danno libero sfogo alla creatività, imbastendo in ambito cosmologico le teorie più bizzarre.**

La stessa teoria del **Big Bang** e dell'**Universo inflazionario,** ad oggi le teoria più accreditate, contengono nel modello alcuni paradossi e delle lacune, che si spera di colmare miglioramento le tecniche di osservazione sperimentale.

Ammesso e non concesso che si riesca a spiegare i meccanismi di formazione dell'Universo, riusciremo mai a rispondere alla fatidica domanda: perché esistiamo? Perché esiste il *multiverso*?

Vi propongo alcune tra le teorie più affascinanti.

Vi ricordate i famigerati buchi neri? Secondo **Lee Smolin** del *Parimter Institute di Waterloo*, in Canada, quando la materia è così tremendamente densa e compressa al centro del nostro amico, si potrebbe produrre una violenta oscillazione in grado di creare un giovane universo (**Baby Universe**).
Universi che contengono quindi parecchi buchi neri, sarebbero molto prolifici in tal senso, dando origine ad un infinito multiverso. Questa è la teoria denominata **Evolving Universe** (dell'**Universo evolutivo**).
Se viviamo in uno specifico di questi universi, allora valgono quelle determinate leggi fisiche e costanti universali, che ottimizzano proprio la produzione di buchi neri.
Il nostro Universo potrebbe essere uno di questi?

Altra teoria è stata proposta dai fisici **Pawel Mazur** della *University of South Carolina* e **George Chapline** del laboratorio

Lawrence Livermore in California; secondo quest'ultima il nostro Universo sarebbe una sorte di massa viaggiante, una sostanza superfluida che fluisce con attrito nullo.
Quindi, se l'universo è in rotazione, lo spaziotempo superfluido sarebbe disperso con vortici, che potrebbero aver originato ammassi in strutture come le galassie.
Secondo Mazur *il nostro universo potrebbe essere nato in un collasso tra stelle*, laddove, in alcuni punti la combinazione di materia stellare e superfluida potrebbe aver riprodotto l'energia oscura.

E che ne è della Materia Oscura?
E se non esistesse veramente?
Questo assunto è alla base di un'altra teoria, denominata **MOND** (**Dinamica Newtoniana Modificata**). La gravità, in questo caso, non sarebbe di così bassa intensità, come gli attuali modelli suggerirebbero.
Se fosse, invece, più intensa in alcuni punti, da riuscire a tenere insieme le galassie e i cluster di galassie?
Una nuova formulazione del MOND, coerente con la Teoria della Relatività, ha riacceso interesse per l'idea, anche se il modello non combacia con i dati sperimentali riscontrati sulla **radiazione di fondo a microonde (23)**.

La *radiazione cosmica di fondo* come sappiamo, è un mare di microonde che pervade l'universo ed è il residuo del Big Bang, l'esplosione che diede inizio all'universo.

Il **Modello della Radiazione di Fondo a Microonde** (**Background Microwave Radiation**) ha, però, un deficit sospetto, da cui è stata estrapolata un'altra teoria: ci sono sorprendentemente pochi grandi agglomerati predetti. Una possibile spiegazione è che l'Universo sia molto piccolo, al punto che, quando la radiazione di fondo è stata prodotta, non poteva contenere grossi agglomerati. Se così fosse, lo spazio si dovrebbe avvolgere attorno a sé in qualche modo. Il suggerimento più probabile è che l'universo sia a forma di imbuto, come la campana di una tromba.

Dove possiamo andare noi con l'osservazione dell'universo? Più lontano andiamo e più ci avviciniamo al big bang.

Come sappiamo la luce non si propaga in modo istantaneo, ma ha una *velocità finita*: poco meno di 300.000 km al secondo. Una delle conseguenze più strane e bizzarre di questo fatto è che **ogni cosa che vediamo, anche la più vicina, è sempre un'immagine del passato.**

La luce del Sole, per esempio, impiega circa 8 minuti e mezzo per raggiungerci e lui si trova a 150 milioni di km dalla Terra. Quindi noi vediamo, di fatto, la nostra stella come appariva 8 minuti fa.

Una frase che non manca mai nelle conferenze astronomiche: questo è un limite fisico invalicabile, se anche il Sole dovesse scomparire in questo istante, non potremmo saperlo per i successivi 8 minuti e mezzo.

Quando, nel 1987, ci raggiunse la luce della supernova SN 1987A, esplosa nella Grande Nube di Magellano, ci portò l'informazione di una catastrofe cosmica avvenuta ben 160.000 anni fa, quando ancora sulla Terra camminava l'homo sapiens. La luce di un oggetto che le appartiene non può che impiegare, di conseguenza, 160.000 anni per arrivare fino alla Terra.

Dunque, **in qualunque direzione io rivolga il mio sguardo vedrei il passato**.

Sarebbe come dire che ai lati opposti l'Universo ha le stesse proprietà?

Si tratta di un puzzle o paradosso cosmologico, perché gli estremi dell'Universo visibile che osserviamo oggi, in passato non avrebbero mai dovuto essere stati in contatto.
Già nei primi istanti del Big Bang, quando queste zone erano molto più vicine, non c'era abbastanza tempo affinché parti separate dell'Universo potessero scambiarsi informazioni.
Temperatura e densità non avrebbero avuto sufficiente tempo per uniformarsi.

Quindi, la luce nell'Universo primordiale aveva una velocità molto superiore a *c* (quella che chiamiamo attualmente **velocità della luce** e che dovrebbe essere una costante **universale**, secondo la **Teoria della Relatività** ristretta di Einstein). Le teorie di Einstein infatti sono state rivoluzionate e superate ad altissima energia.

Un'altra teoria della quale avrete sicuramente sentito parlare è quella delle **Stringhe** (**Chashing Branes, Scontri Fra Brane**).

Il nostro Universo sarebbe una membrana fluttuante in uno spazio a più dimensioni delle quattro tradizionali, che invade nel suo oscillare ripetutamente universi vicini.

Secondo un ulteriore sviluppo della **Teoria delle Stringhe** chiamata **Braneworld**, ci sono grandi dimensioni spaziali extra, che non possono essere influenzate dalla forza di gravità, ed è per questo che siamo limitati al nostro **"Brane" Universe** con solo tre dimensioni spaziali.

Neil Turok dell'*Università di Cambridge*, nel Regno Unito, e **Paul Steinhardt** della *Princeton University* nel New Jersey,

USA, affermano che il Big Bang avrebbe potuto essere stato innescato quando il nostro universo si è scontrato violentemente con un altro. Questi scontri continuano a ripetersi, producendo ciclicamente nuovi big bang, rendendo il nostro Universo immortale.

E dulcis in fundo… andiamo dentro Matrix!

Nick Boström, filosofo, ha affermato che ci troviamo probabilmente all'interno di una simulazione al computer. Una futura civiltà potrebbe aver provato a simulare la vita, e probabilmente ci avrebbe provato molte volte. In tal caso, tutte le stranezze cosmologiche che si osservano come la materia oscura e l'energia oscura sono semplicemente *patch,* create appositamente per non far precipitare il nostro Universo, semplicemente per risolvere alcune incongruenze nella nostra simulazione.

7.9. Cosa c'era prima del Big Bang?

Bella domanda! I sostenitori della Teoria delle Stringhe sostengono che il nostro Universo è immortale.

Nell'immaginario viaggio a ritroso fino alle origini, la linea del tempo si assottiglia all'infinito, a mano a mano che l'Universo si fa più piccolo, senza mai raggiungere un punto di partenza.

Prima del Big Bang il tempo era ripiegato, curvo su sé stesso: "*Si avvicinava a raggiungere il niente, ma non è mai stato il niente*", spiegò **Stephen Hawking**: "*non c'è mai stato un Big Bang che ha prodotto qualcosa dal nulla. Sembra così soltanto da una prospettiva umana*".

In un precedente intervento su questo tema, Hawking aveva anche scritto: "*Gli eventi precedenti al Big Bang sono semplicemente non definiti, perché non c'è modo di misurare che cosa sia successo a tali eventi. Poiché gli eventi avvenuti prima del Big Bang non hanno conseguenze osservazionali, si possono anche tagliare fuori dalla teoria, e dire che il tempo è iniziato con il Big Bang*".

Non lo sappiamo.

Avete mai sentito parlare di ANTIMATERIA?

È la materia costituita da antiparticelle che hanno ugual massa rispetto a quella ordinaria, ma alcuni numeri quantici di segno opposto, come la carica elettrica.

Le leggi che governano le combinazioni di antiparticelle a formare gli antielementi (antiatomi o antimolecole) sono speculari a quelle che governano la materia.

Quando una particella e un'antiparticella vengono a contatto si assiste al fenomeno dell'annichilazione, trasformando la materia coinvolta in radiazione elettromagnetica, sotto forma di fotoni ad alta energia (raggi gamma), oppure le particelle coinvolte si trasformano in altre coppie di particelle-antiparticelle, tali che la somma dell'energia totale, all'inizio e al termine dell'evento, rimanga costante seguendo il principio di conservazione della massa-energia.

Si ritiene che in origine materia e antimateria fossero presenti in ugual misura.

Nell'universo attuale è rilevabile antimateria in quantità esigua, di cui una parte prodotta dagli esperimenti, in tempi brevissimi annichilata dalla materia.

Nell'universo iniziale, particelle ad antiparticelle si annichilavano perpetuamente, continuando a produrre radiazioni.

Nei primi attimi dell'Universo, il tutto era così compresso in piccole dimensioni, che perfino la luce non poteva allontanarsi e l'Universo era opaco.

Circa 10-30 secondi dopo il Big Bang, avvenne una transizione, alla fine della quale, si creò un esilissimo eccesso di materia sull'antimateria: per ogni miliardo di antiparticelle, la controparte ne esibiva un miliardo più una.

Dopo questa transizione, l'Universo seguitava ad espandersi. Dopo pochi secondi, la temperatura era poi scesa così tanto da rendere impossibile la creazione di nuove coppie particella-antiparticella.

Tutte le antiparticelle annichilavano in collisioni particella-antiparticella; restò solo quel piccolo numero di particelle in eccesso, che rese possibile lo sviluppo dell'attuale Universo; la rimanente antimateria era scomparsa in radiazione.

Quando riusciremo a comprendere il motivo per il quale l'antimateria non sia sopravvissuta, magari saremo in grado di spiegare cosa avveniva, come diceva Hawking, laddove il tempo non esisteva.

Dobbiamo comunque sottolineare che nonostante non si sia ancora rivelata la presenza di una certa quantità di antimateria nell'Universo, la possibilità che non ne esista da qualche parte un residuo, non può essere completamente esclusa.

Se potenzialmente potessimo catturare quel residuo o vedere dove si manifesta e perché, potremmo fare un passo avanti nella comprensione dei processi cosmologici.

7.10. Il Futuro dell'Universo

Abbiamo visto che secondo il modello cosmologico prevalente, **l'Universo continuerà a espandersi indefinitamente, e con velocità accelerata, sotto l'influenza dell'energia oscura**. Fra molti miliardi di anni sarà completamente vuoto, pervaso dalle tenebre.

In futuro poi, un universo in declino non formerà più del 5% di stelle rispetto a quelle oggi esistenti.
Le restanti saranno morte o si saranno trasformate in buchi neri, così **il nostro universo è destinato a spegnersi, in tutti i sensi.**

In quanto tempo si spegneranno poi anche le stelle più giovani?

Lo hanno calcolato, insieme a molte altre cose, **Fred C. Adams** e **Gregory Laughlin**, due astrofisici dell'*Università del Michigan*, (1997, *Reviews of Modern Physics)*: 13,8 miliardi di anni trascorsi dall'epoca del Big Bang ad oggi sono davvero poca cosa rispetto ai 10^{14} anni (1 seguito da 14 zeri, cioè **centomila miliardi di anni**) che si dovrà attendere affinché le galassie esauriscano completamente le riserve di gas necessarie a formare nuove stelle, e che stelle più longeve in assoluto esauriscano la loro riserva di combustibile nucleare, diventando nane bianche, composte prevalentemente di elio.

Un altro processo, che procederà parallelamente al **progressivo spegnimento delle stelle**, contribuirà nel frattempo a rendere lo spazio cosmico qualcosa di completamente diverso da ciò che osserviamo oggi: la lenta **"evaporazione" delle galassie**. Non si tratta di un'evaporazione nel senso letterale del termine, ma della **progressiva espulsione nello**

spazio intergalattico di gran parte della popolazione di stelle e resti stellari di cui ogni galassia è composta.

Allo **svuotamento delle galassie** contribuiranno poi le inevitabili collisioni tra oggetti appartenenti a sistemi binari. Dato un tempo sufficientemente lungo, **tutte le orbite binarie si contrarranno** per l'emissione di onde gravitazionali, fino a produrre l'inevitabile collisione (con coalescenza o possibile esplosione di supernova) dei residenti di ciascun sistema.

Alla fine, tutte le stelle e i resti stellari rimasti all'interno delle galassie (si stima tra l'1% e il 10% del totale iniziale) finiranno divorati da un buco nero supermassiccio centrale, che raggiungerà masse nell'ordine delle decine o, forse, centinaia di miliardi di masse solari.

In un tempo complessivo calcolato approssimativamente in 10^{20} anni (**cento miliardi di miliardi di anni**), l'intero processo potrà dirsi concluso.

In quel futuro remotissimo, **l'Universo sarà popolato esclusivamente da resti stellari, per la maggior parte nane bianche, separati gli uni dagli altri da distanze abissali**, a causa dell'immensa espansione dello spazio intervenuta nel frattempo. **Ogni corpo celeste sarà a quel punto disconnesso da tutti gli altri corpi**, perché anche l'oggetto più vicino sarà così lontano da essere al di fuori dell'orizzonte dell'Universo osservabile.
Anche i buchi neri saranno ormai evaporati.

7.11. Gli EXTRATERRESTRI esistono?

Come ha affermato anche **Stephen Hawking**, **è matematicamente impossibile che non esistano altre forme di vita.**

Parliamo di "forme di vita", come possono essere anche i batteri.

Qualcosa di più evoluto dei batteri? È possibile.

Saranno mammiferi? Boh. Magari da qualche parte si sono evoluti i rettili o gli insetti.

C'è solo un problema, li incontreremo mai?

La velocità della luce è un limite per tutti. Se fossero in grado di valicare questo limite, sarebbe meglio non incontrarli, come diceva sempre Hawking.

Il contatto diretto con queste forme di vita potrebbe essere una mezza catastrofe per il genere umano: "*Se gli alieni venissero davvero a farci visita, penso che sarebbe come quando Cristoforo Colombo è approdato in America, cioè un momento tragico per i nativi americani.*"

Hawking illustra perché potenzialmente questo incontro potrebbe avere risvolti negativi per gli Uomini: "*per compiere un viaggio simile, dovrebbero usare astronavi enormi, costruite sfruttando tutte le risorse del loro pianeta natio. Questi esseri evoluti potrebbero trasformarsi in nomadi, alla ricerca di pianeti da conquistare e colonizzare*".

Richiamo la vostra attenzione a quanto è stato esposto al paragrafo 2.7.

Ad ogni modo, non dobbiamo immaginare gli extraterrestri come quelli propostici dalla fantascienza finora. Se ci pensi anche la terra è piena di esseri "alieni". Basta ingrandire una formica alle dimensioni umane, o qualsiasi altro insetto.
Oppure, basta osservare la fauna marina nei più profondi abissi, per scoprire dei veri e propri "alieni".

Ma siamo tanto sicuri di quanto affermi Hawking, relativamente alla certezza di altre forme di vita extraterrestri? È tutto relativo e, secondo me, non possiamo applicare i nostri concetti statistici o matematici a una cosa del genere.
In fondo, nascita della vita sulla terra potrebbe essere anche stata una sorta di singolarità nell' intero universo.

L'esplorazione spaziale è mossa anche dalla innata speranza dell'uomo di scoprire forme di vita aliene, forse per sentirci meno soli nel cosmo, forse per darci nuove risposte.
Eppure le nostre aspettative da una parte sono molto calate, dall'altra, invece, sono cresciute.

Ti spiego. Sono calate nel senso che ormai non crediamo più negli extraterrestri evoluti descritti dalla fantascienza. Non siamo più così ingenui o romantici, a seconda dei punti di vista. Nel contempo, le nostre aspettative sono cresciute, assieme alle nostre capacità esplorative ma con la consapevolezza che, se ci va bene, possiamo trovare forme di vita primordiali come i batteri, su altri pianeti, piuttosto che animali altamente evoluti come i terrestri. Diciamo che, forse, abbiamo sviluppato una sorta di realismo scientifico, aumentando le nostre conoscenze. Con questo non voglio dire che l'uomo esclude la presenza di altre civiltà evolute da qualche parte dell'universo. Solo che esso è così grande e noi siamo così piccoli, anche al cospetto della dimensione tempo, che è piuttosto improbabile che riusciremo a incontrarli.

Mai direi mai, comunque!

I segreti svelati in questo capitolo

. Niente e nessuno può sopravvivere alla potenza dei Buchi Neri ma essi possono distruggersi tra loro o vaporizzarsi in svariati miliardi di anni.

. Al centro della nostra galassia, la Via Lattea, c'è un Buco Nero ma al momento esso non rappresenta un pericolo, in quanto "dorme". Non svegliatelo.

. Purtroppo, non ancora riusciamo a rilevare la Materia Oscura e l'Energia Oscura ma esse costituiscono la gran parte l'Universo.

. Einstein ha teorizzato l'esistenza delle Onde Gravitazionali, le increspature dello spazio, un secolo prima che esse venissero fisicamente rilevate.

. Scoprendo i prodotti del decadimento del Bosone di Higgs, è stata scoperta l'esistenza di altre particelle esotiche.

. Le leggi fisiche che governano l'Universo non valgono per il mondo dell'infinitamente piccolo, quello delle particelle elementari.

. Non sappiamo precisamente come e quanto ma, comunque, il nostro universo morirà, probabilmente, di freddo.

. Prima del Big Bang c'era l'antimateria!

8. L'ASTRONOMIA OSSERVATIVA

8.1. Cenni storici sull'Osservazione Astronomica

Forse non tutti sanno che il primo telescopio (che allora si chiamava "**cannone occhiale**") fu quasi certamente realizzato da un occhialaio olandese, **Jan Lippershey**, attorno al 1608.

Galileo Galilei utilizzò questo strumento per l'osservazione astronomica che conosciamo. **Galileo è il padre del metodo sperimentale**, asse portante del progresso scientifico e tecnologico degli ultimi quattro secoli.

Comunque, il **cannocchiale galileiano**, come si può ben immaginare, **recava numerose imperfezioni**. Ingrandiva poco, mostrava fastidiosi aloni colorati (aberrazione cromatica), inquadrava un campo minuscolo.

Fortunatamente, **nel corso del tempo, la manifattura dei telescopi migliorò considerevolmente**.

Nel 1672, **Isaac Newton** (il fondatore della Meccanica Celeste) realizzò, per primo, un piccolissimo telescopio il cui obiettivo era uno specchio, non una lente.

Nel 1733, prima **Hall**, e nel 1758, **Dollond** a seguire, realizzarono nuovi obiettivi a lente, composti da due lenti vicinissime, fatte di vetri diversi (doppietto acromatico), il che consentiva di evitare gli aloni colorati.

Da allora, sono stati apportati numerosi perfezionamenti a questo strumento, e introdotte infinite varianti di schemi ottici.

Tutti i telescopi moderni, comunque, sono discendenti di quel microscopico strumento presentato da Newton e poi Dollond. Si chiamano rispettivamente **riflettori** (telescopi in cui l'obiettivo principale è uno specchio) e **rifrattori** (se l'obiettivo è una lente o sistema di lenti).

Tra la fine del XIX e l'inizio del XX secolo, sono stati introdotti **schemi ottici ibridi**, detti **catadiottrici**, che utilizzano sempre uno specchio come obiettivo, ma hanno una grande lente posta davanti all'obiettivo stesso, lente di potere molto modesto. Gli schemi più noti sono il cosiddetto **Maksutov** e lo **Schmidt-Cassegrain**.

Tutti gli schemi ottici moderni appartengono ad una di queste tre "famiglie": riflettori, rifrattori, o catadiottrici.

8.2 Cenni di Astronomia Ottica e tipi di Telescopi

I telescopi sono costituiti da parti ottiche e meccaniche che consentono di ingrandire (e quindi vedere meglio) oggetti lontani (anche fotografare).

L'ottica, ovviamente, permette di visualizzare l'immagine osservata (o ripresa). La meccanica, oltre al sostegno fisico del tubo in cui è alloggiata l'ottica, consente il puntamento dello strumento nel punto desiderato e, eventualmente, l'opportunità di seguire il moto apparente della volta celeste, con un sistema manuale o affidato ad un motorino, generalmente elettrico.

L'immagine viene osservata tramite una sofisticata lente di ingrandimento (oculare). Più bassa è la lunghezza focale dell'oculare, più ampi sono gli ingrandimenti.

La posizione in cui si forma l'immagine è detta **piano focale**; l'oculare può essere utilizzato, quindi, come una lente di ingrandimento.

Osservare con un telescopio, rispetto ad una osservazione effettuata ad occhio nudo, offre numerosi vantaggi. Raccogliendo più luce, si possono anche vedere più oggetti con maggior risoluzione. Per contro e naturalmente, il campo visivo a nostra disposizione è ridotto.

Tuttavia, il telescopio non può fare tutto.

Se il cielo non è terso, non può osservare oltre le nuvole.
Inoltre, non è in grado di metter a fuoco oggetti molto vicini, a pochi metri di distanza e non può ingrandire oggetti illimitatamente.

Vi consiglio, se trovate questa tematica interessante, di recarvi presso un Osservatorio, in modo da poter constatare tutto quello che vi sto raccontando direttamente con i tecnici, che saranno ben felici di illustrarvi la funzionalità e le caratteristiche di questi strumenti. A questo proposito, in bibliografia ho aggiunto alcuni testi molto validi da consultare, per l'osservazione del cielo. Inoltre, spero di avere in futuro la possibilità di dedicare un intero manuale all'osservazione del cielo.

Come accennato in precedenza, **in base allo schema ottico, i telescopi moderni si dividono in tre "famiglie" principali**:

1. ***Rifrattori****, ossia strumenti a lenti, derivati dagli strumenti di Dollond e derivati.*

2. ***Riflettori****, basati su specchi. Lo schema classico è quello newtoniano ma esistono diverse varianti, come il Cassegrain (quasi tutti gli schemi ottici prendono il nome dal loro inventore o da chi li perfezionò).*

3. ***Catadiottrici****, o composti, che sfruttano sia lenti, che specchi (sono sostanzialmente dei riflettori con una lente frontale di potere molto basso che annulla alcune aberrazioni).*

Cosa ci consentono di vedere i Rifrattori?

Sono chiamati così, in quanto il loro modo di creare l'immagine si basa sul fenomeno fisico della **rifrazione** (19). Sono strumenti **adatti soprattutto all'osservazione dei pianeti, del Sole e della Luna**; offrono in genere immagini definite e altamente contrastate, più definite rispetto agli altri due modelli. **Non sono proprio l'ideale per l'osservazione di oggetti poco brillanti, come comete e galassie** (sia pure con qualche eccezione). Sono, inoltre, ingombranti e molto costosi nei diametri ampi.

Nella figura vediamo lo schema di un rifrattore: la luce entra da sinistra, viene concentrata dall'obiettivo, normalmente un doppietto (Ob) nel piano focale (F), dove si pone l'oculare (e l'occhio!). Il sistema di messa a fuoco (Oc) è un tubo coassiale a quello principale in grado di scorrere di qualche cm.
Il paraluce riduce il formarsi di condensa sull'obiettivo nella stagione fredda.

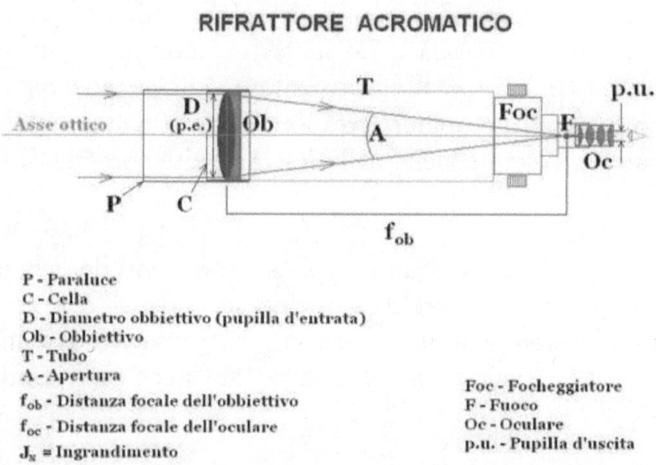

Immagine fonte: Natura Mediterraneo

I riflettori, storicamente, vengono subito dopo e rispetto ai rifrattori offrono minore ingombro e prezzo nettamente inferiore (a parità di diametro).
Sono strumenti anche molto grossi, adatti ad osservare e fotografare anche le nebulose più deboli. L'immagine offerta da un riflettore è, però, **di qualità leggermente inferiore di quella offerta da uno strumento a lente (sempre a parità di diametro).**

Tra i riflettori, comunque, figurano senz'altro gli strumenti meno costosi, ma più versatili.

Quasi tutti i riflettori adottano lo stesso schema ideato da Newton, e vengono spesso chiamati semplicemente in gergo "**newtoniani**".

Qui sotto ne vediamo una rappresentazione figurata.
La luce entra da sinistra, percorre tutto il tubo e viene focalizzata dallo specchio primario concavo, l'obiettivo nel fuoco (F). Lo specchio secondario è posto a 45° lungo il percorso ottico, devia il fascio di luce di fianco al tubo, dove è più facile osservare o fotografare. Lo specchio secondario è sorretto da una o più razze, il cui insieme è detto "spider" ("ragno" in inglese). Lo spider è responsabile delle "punte" che mostrano, talvolta, le stelle nelle foto eseguite con grandi telescopi.

Quasi tutti i telescopi giganti, oggi esistenti, sono dei newtoniani, ma invece di avere lo specchio secondario, date le enormi dimensioni, hanno gli apparati di ripresa direttamente nel tubo ottico, vale a dire al posto dello specchio secondario.

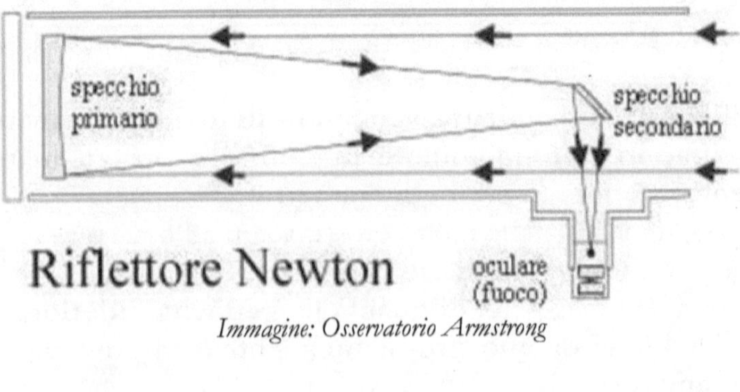

Immagine: Osservatorio Armstrong

I **catadiottrici**, infine, sfruttano lenti e specchi per offrire un ingombro contenutissimo in relazione al diametro, e uniscono alle buone qualità dei riflettori alcune caratteristiche tipiche dei rifrattori.

Sono molto leggeri, compatti, disponibili in diametri interessanti a prezzi ragionevoli; hanno generalmente una buona meccanica e dispongono di una vasta gamma di accessori. Unico difetto è il costo, comunque superiore ad un riflettore Newton di pari diametro.
Gli schemi catadiottici più diffusi sono il Maksutov e lo Schmidt-Cassegrain.

Altra considerazione importante è la seguente: **l'ottica non è tutto!**

La meccanica di uno strumento non deve essere sottovalutata. Gli strumenti destinati a chi comincia, in questi ultimi anni, rappresentano un buon compromesso tra la meccanica (qualità) e il prezzo: solo chi desidera cimentarsi in fotografie molto impegnative, deve orientarsi verso montature di classe superiore.

8.3. Astronomia a Raggi X e Raggi Gamma

I raggi X sono radiazioni a lunghezza d'onda molto inferiore rispetto al visibile (10^2 a 10^{-2} Ångström).
I raggi X, così come gli ultravioletti, non sono in grado di oltrepassare l'atmosfera terrestre: ecco perché c'è vita sul pianeta Terra.
L'osservazione astronomica a raggi X deve essere pertanto svolta ad alta quota.

A cosa è servita? A definire le caratteristiche delle Pulsar (20), a indagare tutti i tipi noti di stelle collassate (nane bianche, stelle di neutroni, supernove, buchi neri), oppure resti di stelle e galassie attive che accelerano particelle ad altissime energie, grazie a intensi campi magnetici.

Bruno Rossi e il premio Nobel per la fisica **Riccardo Giacconi**, sono definiti il nonno e il padre dell'astronomia a raggi X.

Si scoprì, così, che l'universo è pieno di oggetti che emettono raggi X, dai buchi neri, alle pulsar, alle stelle binarie.
Per meglio comprendere i segreti del cielo, è utile compiere osservazioni anche con un telescopio sensibile ai raggi X. Annoveriamo le importanti scoperte del **ROSAT** e del satellite **Chandra**.

I raggi gamma, invece, compongono quella parte di spettro elettromagnetico a energia più elevata.
I fotonigamma hanno un'energia superiore ai 100 KeV.
La radiazione inferiore ai 100 keV è classificata, almeno in astronomia, come raggi X ed è oggetto dell'astronomia a raggi X.

I processi fisici che generano raggi gamma sono diversi e in alcuni casi coincidono con quelli che producono i raggi X.

L'elenco dei fenomeni è vasto: l'annichilazione elettrone-positrone (come abbiamo visto parlando di antimateria), casi di decadimento gamma nello spazio legati a eventi estremi come supernove e ipernove, nelle pulsar e nei blazer (21).

Il numero dei fotoni gamma, che arrivano nell'unità di superficie sulla terra, diminuisce in maniera esponenziale con l'energia; per cui, mentre i raggi gamma di energia inferiori a qualche decina di GeV, possono essere rilevati direttamente nell'alta atmosfera con palloni o mediante satelliti, i raggi gamma molto energetici, dotati di fotoni ad energia superiore ai 30 GeV, debbono essere rilevati da esperimenti sulla Terra.

I flussi di fotoni estremamente bassi a tali energie elevate, richiedono aree rilevanti del rilevatore, che sono impraticabili per gli attuali strumenti nello spazio.

Si utilizzano contatori di radiazioni, sia per via ottica, attraverso la **radiazione Cherenkov** emessa da queste cascate di particelle ultrarelativistiche. Questa tecnica, denominata in inglese **Imaging Atmospheric Cherenkov Technique (IACT)**, attualmente, raggiunge la massima sensibilità possibile.

Nel novembre 2010, utilizzando il **Fermi Gamma-Ray Space Telescope**, sono state rilevate due gigantesche bolle a raggi gamma, che si estendono per circa 25.000 anni luce, al centro della Via Lattea. Si sospetta che queste bolle di radiazioni ad alta energia, provengano o da un enorme buco nero o da formazioni stellari avvenute milioni di anni fa.

Nel 2011, il team Fermi ha rilasciato il suo secondo catalogo di sorgenti a raggi gamma rilevati dal **Large Area Telescope (LAT)** del satellite, che ha prodotto un inventario di 1.873 oggetti che emettono raggi gamma. Il 57% delle fonti sono blazars (21).

Per concludere, una giusta distinzione tra **telescopi terrestri e telescopi spaziali** , come l'**Hubble**.

I telescopi spaziali sono telescopi che orbitano nello spazio, tramite satelliti o sonde. Un telescopio spaziale ha un grandissimo vantaggio rispetto ad uno terrestre: vede le cose senza il filtro della nostra atmosfera. Quindi, ha una visione più nitida, oltre al fatto che può viaggiare nello spazio, quindi spostarsi e studiare ad hoc ogni oggetto.

Il telescopio Hubble ha fatto le foto dell'universo più belle di sempre, ritraendo cose mai viste prima, in modo nitido: galassie di ogni forma e colore, nebulose, stelle di ogni tipo, ammassi stellari, e con la storica "*deep field*" ci ha dato un'idea della profondità del cosmo mai percepita prima.

Eppure, dopo una lunga ed onorata carriera, anche questo fuoriclasse dei telescopi sta per andare in pensione, per essere sostituito da nuovi e ancora più potenti eredi.

Chissà quante cose belle ci riserva l'universo…

Staremo a vedere!

I segreti svelati in questo capitolo

. Galileo non fu il primo ad utilizzare un binocolo ottico.

. La scelta del telescopio giusto dipende da cosa vogliamo osservare.

. L'italiano Giacconi, premio Nobel, è il padre dell'astronomia a Raggi X.

. Studiamo gli oggetti più bizzarri del creato grazie ai Raggi X e ai Raggi Gamma.

. Sono state scoperte delle zone molto estese che emettono raggi gamma proprio all'interno della Via Lattea.

. Galileo è il padre del metodo sperimentale!

. L'Hubble è il Maradona dei telescopi.

CONCLUSIONI

Scrivendo questo testo mi sono resa conto di una cosa: quanto sia difficile fare divulgazione scientifica, rendendo i concetti chiari, senza l'ausilio di pesanti equazioni matematiche.

Perché si sa, a meno di non essere appassionati o profondi conoscitori del genere, tutto diventerebbe, oltre che a tratti incomprensibile, di una noia mortale.

Ho cercato di farti vedere il mondo delle stelle con gli occhi di un bambino: tra lo stupore per la scoperta e la curiosità di sapere come va a finire.

I mezzi a nostra disposizione sono limitati, ma stiamo facendo di tutto per comprendere quali siano i meccanismi che governano il cosmo e dobbiamo sempre avere fiducia nel progresso scientifico.

Diventeremo sempre più bravi anche con l'esplorazione spaziale e bisognerebbe dedicare un manuale intero a questo meraviglioso argomento.

Riguardo l'Universo, immagino tu abbia compreso che sappiamo già abbastanza, ma non siamo ancora in grado di rispondere ad una domanda: **perché esistiamo?**
Ma lo faremo, oh sì che lo faremo. Deve essere una nostra prerogativa.

Con grande rammarico a metà della dissertazione ho dovuto abbandonare il cosmo per tornare sulla Terra, a parlare di noi. Il fatto è che per comprendere come potrebbe essersi evoluta la vita altrove, bisogna sempre partire da casa.

E non dimenticare una variabile fondamentale: il caso.
Non ne abbiamo mai parlato in questo libro ma esso è alla base di tutto e non si può definire.
Se siamo qui, ora, è per puro caso.

In un futuro non tanto lontano, porteremo la nostra *Tellus* vicina al punto zero: quella singolarità che tanto affascina i cosmologi da produrre le teorie più bizzarre.

Astronomia Divulgativa doveva proprio essere così. Un antipasto fatto di pietanze dolci e salate, l'atto primo di una commedia tragicomica o le prime scene di un film che inizia con una grande esplosione. Doveva farci incendiare, almeno un po', di passione e prenderci per la gola.

"*Lo scienziato, nel suo laboratorio, non è solo un tecnico, è anche un bambino, davanti a fenomeni della natura che lo affascinano come un racconto di fate*".

Eh sì, **Marie Curie** aveva proprio ragione! Ma non è solo lo scienziato, tutti sono ugualmente innamorati cotti delle stelle.

Per questo l'astronomia deve essere di tutti, e con questo spirito è stato concepito questo libro. Perché l'astronomia è così meravigliosa che non può essere solo appannaggio di pochi eletti, bensì, anche il più ingenuo sognatore deve avere diritto di assaporare questa meraviglia della vita.

Perché l'uomo, per sua natura, vuole e deve comprendere ciò che non conosce, ed è sempre stato così e sempre lo sarà.

Ecco perché un giorno troveremo la risposta a tutti i quesiti che ci attanagliano e che vorremmo conoscere.

Quando pensi e sogni, non porti mai dei limiti.
Niente è impossibile e il mondo l'hanno disegnato i visionari. Pensa di tornare indietro nel tempo, all'epoca di Leonardo e prova a descrivergli internet, la televisione, il telefono.
Il futuro non lo possiamo immaginare, semplicemente sarà.

La più rimarchevole proprietà dell'Universo è quella di aver creato persone in grado di porsi domande, aveva detto una volta Stephen Hawking.
E nulla è estraneo all'Universo. Seguitiamo a scoprire cose nuove, che mai avremmo creduto possibili. Nel momento in cui facciamo una scoperta, rileviamo tantissimo altro, che poi dovremo tentare di spiegare.

Recati in un Osservatorio, almeno una volta.
Non appena metterai l'occhio all'interno dell'oculare, ti renderete conto di quanto ti sei perso.

Noi siamo un puntino invisibile nel cosmo, anche se ci sembra di essere al centro di tutto. Forse per questo, ammirando il cosmo, mi sento meglio. Perché capisco quanto siamo infinitamente piccoli. E questa sensazione mi porta ad avere maggiore rispetto per ogni forma di vita, anche la più piccola e infinitamente insignificante. Perché siamo tutti all'interno di un miracolo, che è la vita.

Il nostro sistema solare occupa una posizione periferica nella Via Lattea (altrimenti non esisterebbe causa radiazioni) e la nostra galassia fa parte di un cluster di galassie che a sua volta risiede in un altro *iperammasso*. Dunque, siamo su un sassolino, presso una stella, tra miliardi di stelle di una galassia, tra miliardi di galassie. E questo è solo quanto, oggi, possiamo percepire!

Il nostro unico conforto è che **eravamo tutti dentro quella singolarità iniziale**, quella scintilla alla quale, volenti o nolenti, apparteniamo.

Sperando di aver fatto cosa gradita e, augurandomi di poter proseguire su questa strada, mi congedo. Rosina ed io ripartiamo per nuove avventure e, chissà, magari ci rivedremo presto, per un nuovo incredibile viaggio a bordo della notra *Tellus!*

RINGRAZIAMENTI

Ringrazio amici e colleghi che mi hanno supportato in questa nuova avventura divulgativa.

Come sempre, un ringraziamento speciale va ad **HOW2 Edizioni**, perché fa sì che possa dare libero sfogo a tutte le mie passioni! In particolare, grazie all'editore **Dario Abate**, che, da appassionato di astronomia, ha dato un contributo importante alla stesura del libro. Grazie ancora a **Letizia Davoli**, che ha scritto la prefazione di questo libro, intrisa di una evidente, vibrante, passione per le stelle. È un onore leggere, sul nostro libro, la firma di una personalità tanto importante nel campo della divulgazione astronomica.

Dulcis in fundo, grazie a te, caro lettore. Perché sei tu che mi leggi, mi critichi se necessario, elogi se lo ritieni opportuno e, in tutti i casi, sei colui/lei che mi aiuta a migliorare, a crescere, consentendomi di diventare una persona sempre più completa, soddisfatta e realizzata ogni giorno che passa.

Grazie davvero!

BIBLIOGRAFIA E RISORSE

S. Chandrasekhar, Introduction to the Study of Stellar Structure, The University of Chicago Press, 1939.

Kardashev, N. S. "Transmission of Information by Extraterrestrial Civilizations", Soviet Astronomy, 1964.

Berlage H.P., The Origin of the Solar System. Oxford: Pergamon Press, 1968.

Paul Dirac, I principi della meccanica quantistica, Bollati Boringhieri, 1971.

Stuart Ross Taylor, Lunar science: A post-Apollo view, New York, Pergamon Press, Inc., 1975.

A. H. Guth, The Inflationary Universe: A Possible Solution to the Horizon and Flatness Problems, Phys. Rev. , 1981.

Fred Alan Wolf, Universi paralleli, Geo, 1991.

G. Pizzella, Fisica sperimentale del campo gravitazionale, Carocci, 1993.

Margherita Hack, Il Libro dell'Astronomia, Fabbri Editori, 2000.

Stephen Hawking, Dal big bang ai buchi neri. Breve storia del tempo, Rizzoli, 2000.

Brush, Stephen. Origin of the Solar System. In: Encyclopedia of Astronomy and Astrophysics, November 2000.

Lecointre G., Le Guyader H., La sistematica della vita, Zanichelli, 2003.

Minuto Silvano, Atlante del cielo, edizioni Legenda 2003.

Margherita Hack, Dove nascono le stelle, Sperling & Kupfer, 2004.

J. Gribbin, Enciclopedia di astronomia e cosmologia, Milano, Garzanti, 2005.

Brian Harvey, Soviet and Russian Lunar Exploration, Springer Science & Business Media, 17 agosto 2007.

C. Abbondi, Universo in evoluzione dalla nascita alla morte delle stelle, Sandit Editore, 2007.

Colin Burgess e Rex Hall, The nome Soviet Cosmonaut Team, Chichester, UK, Praxis Publishing, 2009.

Henrik Svensen, Storia dei disastri naturali, Odoya, Bologna 2010

Paolo Magliocco La grande caccia Storia della scoperta del bosone di Higgs, Pearson Italia, 2013.

Tilman Spohn, Doris Breuer e Torrence Johnson, Encyclopedia of the solar system, terza edizione, Elsevier Editore, 2014.

Stephen Hawking, La teoria del tutto. Origine e destino dell'universo, Bur Rizzoli Editore, 2015.

Adrian Fartade, A piedi nudi su Marte, Rizzoli, 2018

Adrian Fartade, Su Nettuno piovono diamanti, Rizzoli, 2021

Adrian Fartade, Come acchiappare un asteroide, Rizzoli, 2020

Hoppy Price, John Baker, Firouz Naderi, A Minimal Architecture for Human Missions to Mars (PDF), nasa.gov, 14 settembre 2016

Michela Mapelli, web.pd.astro.it/mapelli/mapelli_belluno_finale.pdf, 17 marzo 2017.

De Agostini, TUTTO ASTRONOMIA, 2018

Libreria Geografica, Atlante Astronomia, 2018

Hady Ghassabian, le 12 tecnologie della-nasa che usiamo tutti i giorni, magazine.impactscool.com, 2018

Aria Bendix, Vacanze su Marte: il prototipo-di una base marziana in california per addestrare gli-astronauti, ma aperto anche ai turisti ricchi, 13 gennaio 2020.

Michał Artymowski, Olga Czerwińska, Zygmunt Lalak and Marek Lewicki, Journal of Cosmology and Astroparticle Physics, "Gravitational wave signals and cosmological consequences of gravitational reheating" di, 2019.

Luigi Bignami, Com'è fatta l'atmosfera e fin dove arriva, focusuniverse.com, 28 marzo 2019.

Simone Caporali, Materia ed Energia Oscura il 96% dell'universo che non conosciamo, tech.everyeye.it, 29 agosto 2019.

Paolo Bonavoglia, astro.bonavoglia.eu/astrologia, 2021.
Leopoldo Benacchio, Lanciato nella notte Vega -53 satelliti ADK3Wxm, il Sole 24 ore, 3 settembre 2020.

Massimo Zito, La Terra si muove nello spazio, ruotando su se stessa e intorno al Sole e non ce ne accorgiamo, Reccom Magazine, 16 maggio 2020.

Sito della NASA per le missioni spaziali

Progetti ESA per Marte, su esa.int.
Progetti NASA per Marte, su mars.jpl.nasa.gov.
The Planetary Society, planetary.org.
Red Colony web site, redcolony.com.
4Frontiers Corporation, 4frontiers.com.
The Mars Homestead Project

Wikipedia, Voli spaziali con equipaggio umano dal 1961 al 1969, 19 aprile 2020

Jonathan Openshaw, Idee che hanno cambiato il mondo artsandculture.googler.com, data ignota.

C'è Spazio (trasmissione televisiva), condotto da Letizia Davoli, Tv2000, puntate disponibili su YouTube

Link4Universe di Adrian Fartade, canale Youtube di divulgazione astronomica.

APPENDICE (GLOSSARIO)

1) Gnomone

È un'asta verticale infissa nel terreno che nell'antichità serviva per determinare l'ora mediante l'ombra proiettata. Quando l'ombra coincideva con la linea meridiana passante per il piede dell'asta l'ora segnata era il mezzogiorno vero.
Con questo termine si intende anche, in generale, lo stilo di un orologio solare, che non è necessariamente verticale.

2) Big Bang

Secondo il modello del Big Bang, l'Universo ebbe origine da "un'esplosione", che riempì tutto lo spazio, partengo da un punto detto singolarità. Dopo questo istante, ogni particella cominciò ad allontanarsi velocemente da ogni altra. Nei suoi primi attimi l'Universo si può considerare come un gas caldissimo di particelle elementari in rapida espansione.

3) Conservazione del momento angolare

Il principio di conservazione del momento angolare afferma che se la somma dei momenti delle forze esterne agenti su un sistema o un corpo è nulla, allora il momento angolare si conserva rimanendo costante. Il momento angolare è una specifica proprietà del moto di rotazione.

4) La fusione nucleare

In fisica nucleare, la fusione nucleare è una reazione nucleare attraverso la quale i nuclei di due o più atomi si uniscono tra loro, dando come risultato il nucleo di un nuovo elemento chimico.

5) Le leggi di Einstein

Il primo postulato (principio di relatività): tutte le leggi fisiche sono le stesse in tutti i sistemi di riferimento inerziali.
Il secondo postulato (invarianza della velocità luce): la velocità della luce nel vuoto ha lo stesso valore in tutti i sistemi di riferimento inerziali, indipendentemente dalla velocità dell'osservatore o della sorgente.
Il fondamento della relatività generale è l'assunto (il principio di equivalenza), che un'accelerazione sia indistinguibile localmente dagli effetti di un campo gravitazionale, e dunque che la massa inerziale sia uguale alla massa gravitazionale.
Un sistema di riferimento inerziale è un sistema di riferimento in cui è valido il primo principio della dinamica. Con un'accettabile approssimazione è considerato inerziale il sistema solidale con il Sole e le stelle. La massa inerziale è prerogativa di quel sistema e il primo principio della dinamica afferma che se un corpo è fermo o si muove di moto rettilineo uniforme (nel quale la velocità è costante), allora la somma vettoriale delle forze che agiscono su di esso è nulla. Quindi, se la risultante delle forze agenti su un corpo è nulla, allora esso mantiene il proprio stato di moto.

6) Il moto di convezione

La convezione è un tipo di trasporto (di materia ed energia), assente nei solidi e trascurabile per i fluidi molto viscosi, causato da un gradiente di pressione e dalla forza di gravità e caratterizzato da moti di circolazione interni al fluido.

7) La fotosintesi clorofilliana

Si tratta di un processo biochimico grazie al quale è possibile sintetizzare composti organici utilizzando energia luminosa e fonti di carbonio inorganico.

8) UA unità astronomica

L'unità astronomica è un'unità di misura della lunghezza usata per esprimere le distanze astronomiche, soprattutto all'interno del Sistema Solare. Dal 2012 è definita con il valore esatto di 149 597 870 700 metri, pari a circa la distanza media tra la Terra e il Sole.

9) Eclissi

L'eclisse (o eclissi), dal greco ékleipsis, è l'occultamento totale o parziale del disco visibile di un astro prodotto dall'interporsi di un oggetto celeste fra l'osservatore terrestre e l'astro o sul cammino dei raggi solari che illuminano quest'ultimo.

10) Massa e Peso

La massa è la misura della quantità di materia di cui è fatto un oggetto, mentre il peso è una forza che agisce sull'oggetto e che dipende dall'accelerazione di gravità (g, che sulla Terra è di 9,8 m/s^2).

11) Albedo

È la frazione di luce riflessa da un oggetto o da una superficie rispetto a quella che vi incide. Questo termine viene spesso utilizzato per indicare la riflettività dei corpi celesti che non brillano di luce propria, come pianeti e satelliti, ma anche in climatologia. Nel caso di un oggetto celeste, il valore dell'albedo (dal latino albus, bianco) dipende dalla presenza o meno di un'atmosfera, da eventuali nubi e dalla natura della superficie (rocce scure, terreno erboso, deserto sabbioso, oceani...); eventuali calotte polari o zone coperte da ghiacci e neve innalzano l'albedo perché hanno un alto potere riflettente.

12) Teoria eliocentrica

L'eliocentrismo è la dottrina astronomica che, in opposizione al geocentrismo, pone il Sole al centro del nostro sistema planetario.

13) Fionda gravitazionale

In meccanica orbitale e ingegneria aerospaziale, si chiama fionda gravitazionale una tecnica di volo spaziale che utilizza la gravità di un pianeta per alterare il percorso e la velocità di un veicolo spaziale.

14) Accelerazione di gravità

È l'accelerazione alla quale è soggetto un corpo quando lasciato libero di cadere.

15) Catalogo Messier

È stato il primo catalogo astronomico di oggetti celesti diversi dalle stelle. Fu redatto dall'astronomo francese Charles Messier, con il nome originale Catalogue des Nébuleuses et des Amas d'Étoiles, e pubblicato nel 1774.

16) Velocità di fuga

La velocità di fuga è la velocità minima che un oggetto, senza alcuna successiva propulsione, deve avere in una certa posizione per potersi allontanare indefinitamente da un campo a cui è soggetto. Viene anche chiamata in astronautica la seconda velocità cosmica.

17) Frattale

Un frattale è un oggetto geometrico dotato di omotetia interna: si ripete nella sua forma allo stesso modo su scale diverse, e dunque ingrandendo una qualunque sua parte si ottiene una figura simile all'originale.

18) Atomo in uno stato eccitato

Lo stato eccitato è lo stato di un atomo in cui uno dei suoi elettroni si trova su un livello di energia superiore rispetto a quello che occupa normalmente (stato fondamentale).

19) Rifrazione della luce

Fenomeno per il quale quando la luce (o in generale un'onda elettromagnetica) attraversa la superficie di separazione fra due sostanze trasparenti (come ad esempio aria e vetro oppure aria ed acqua), il raggio incidente subisce una deviazione rispetto alla sua direzione iniziale.

20) Pulsar

Una pulsar è una stella di neutroni fonte di onde radio, compressa in un raggio di pochi km, ma di densità elevatissima. Il fascio di onde radio emesso dalla stella è causato dall'azione combinata del campo magnetico e della rotazione.

21) Blazar

Un blazar (dall'inglese: blazing quasi-stellar object) è una sorgente altamente energetica, variabile e molto compatta associata a un buco nero supermassiccio situata al centro di una galassia ospitante. I blazar fanno parte di un grande gruppo di galassie attive, dette anche Nuclei Galattici Attivi.

22) Supersimmetria

Teoria delle stringhe. I modi di vibrazione delle stringhe che danno origine a fermioni e bosoni che si presentano obbligatoriamente in coppie. La sua struttura matematica è stata successivamente applicata con successo ad altre aree della fisica, dalla meccanica quantistica alla statistica classica ed è ritenuta parte fondamentale di numerose teorie fisiche. Fermioni e bosoni sono le due famiglie fondamentali in cui si dividono le particelle.

23) CMB (Cosmic Radiowave Background)

È la sigla del fondo cosmico a micro-onde, la cosiddetta radiazione di fondo.
Il fondo cosmico a micro-onde (CMB) è il residuo delle fasi iniziali dell'Universo, estremamente calde e dense. Il suo spettro di corpo nero ha il massimo a circa 2 mm (150 GHz) e la sua intensità domina il cielo ad alta latitudine galattica a tutte le lunghezze d'onda tra 20 cm a 500 micron circa. Poco dopo la sua scoperta, nel 1965, ci si rese conto che le fluttuazioni di densità, da cui è nata la struttura dell'Universo attuale, devono aver lasciato traccia in piccole anisotropie della temperatura del fondo cosmico, rilevate per la prima volta nel 1992 dal satellite COBE della NASA. Lo spettro di potenza delle anisotropie del CMB contiene, codificate, informazioni dettagliate sui parametri cosmologici fondamentali. Una serie impressionante di esperimenti, culminati con il lancio del satellite della NASA detto WMAP, Wilkinson Microwave Anisotropy Probe, ha permesso di stabilire che la geometria dell'universo è quasi piatta, che l'universo è dominato da energia oscura, che è circa il 70% della densità di e-

nergia cosmica, da materia oscura, che comprende circa l'85% della densità di materia, e che le fluttuazioni primordiali hanno avuto uno spettro quasi indipendente dalla scala, in linea con l'idea che siano emerse da una fase primordiale inflazionistica. Nello scenario inflazionistico, l'energia del vuoto domina la densità di energia dell'universo durante le prime fasi, e guida un'espansione esponenziale in grado di trasformare, quasi stirandolo, un cammino microscopico in una dimensione molto più grande del nostro universo visibile, rendendo la sua geometria piatta con alta precisione. Fonte INAF.

Biografia Autoriale

Carla Antonella Gatti è nata a Pavia e lavora a Milano come chimico ricercatore. Laureata in Chimica e specializzata in Fisica della materia, è appassionata di Scienze Astronomiche e Naturali, Filosofia e Storia.

Ha collaborato in passato con alcune riviste e case editrici come ghost writer, oltre ad aver pubblicato due saggi a scopo divulgativo e due romanzi di genere Sci-Fi young adult (HOW2 Edizioni, Dario Abate Editore).

Svolge anche l'attività di socio e collaboratore scientifico presso l'OSSERVATORIO ASTRONOMICO DI CA' DEL MONTE (PV).

Per qualunque informazione o dettaglio, potete consultare la pagina Facebook *Carla Antonella Gatti – Scrittrice.*

www.ingramcontent.com/pod-product-compliance
Lightning Source LLC
LaVergne TN
LVHW040334051026
849518LV00001B/179